装配式混凝土建筑设计
审查要点及常见问题

泰州市住房和城乡建设局
南京长江都市建筑设计股份有限公司 组织编写
孙建华　田　炜　主　编
王有根　伏　建　副主编

中国建筑工业出版社

图书在版编目（CIP）数据

装配式混凝土建筑设计审查要点及常见问题/泰州市住房和城乡建设局，南京长江都市建筑设计股份有限公司组织编写；孙建华，田炜主编；王有根，伏建副主编. —北京：中国建筑工业出版社，2022.4

ISBN 978-7-112-27171-9

Ⅰ.①装… Ⅱ.①泰… ②南… ③孙… ④田… ⑤王… ⑥伏… Ⅲ.①装配式混凝土结构-建筑设计-检查 Ⅳ.①TU37

中国版本图书馆CIP数据核字（2022）第040743号

本书主要介绍了目前装配式建筑设计、审查常用规范图集和相关报审材料；预制装配率、"三板"的审查要点以及装配式建筑综合评定关键问题；装配式混凝土建筑审查原则，建筑专业施工图审查要点，结构专业施工图审查要点，设备专业施工图审查要点；给出了前期技术策划阶段注意事项以及建筑、结构、设备专业设计中出现的常见问题及解决方法；并对装配式建筑送审图纸进行剖析，提炼了相关设计问题及注意事项。

本书可作为装配式建筑设计人员、审图人员以及管理人员的参考用书。

责任编辑：高　悦　范业庶
责任校对：姜小莲

装配式混凝土建筑设计审查要点及常见问题

泰州市住房和城乡建设局　　　　组织编写
南京长江都市建筑设计股份有限公司

孙建华　田　炜　主　编
王有根　伏　建　副主编

*

中国建筑工业出版社出版、发行（北京海淀三里河路9号）
各地新华书店、建筑书店经销
北京龙达新润科技有限公司制版
北京建筑工业印刷厂印刷

*

开本：787毫米×1092毫米　1/16　印张：9¾　字数：237千字
2022年4月第一版　　2022年4月第一次印刷
定价：**48.00**元
ISBN 978-7-112-27171-9
（38910）

本书编委会

组织编写：泰州市住房和城乡建设局

     南京长江都市建筑设计股份有限公司

主 编：孙建华 泰州市住房和城乡建设局   高级工程师

     田 炜 南京长江都市建筑设计股份有限公司 教授级高级工程师

副 主 编：王有根 泰州市建设工程施工图设计审查中心 正高级工程师

     伏 建 泰州市绿色建筑与科技发展中心   高级工程师

编 委：赵学斐 南京长江都市建筑设计股份有限公司 高级工程师

     陈乐琦 南京长江都市建筑设计股份有限公司 工程师

     黄 峰 泰州市建设工程施工图设计审查中心 高级工程师

     高盛立 泰州市建设工程施工图设计审查中心 正高级工程师

     王京陵 泰州市住房和城乡建设局   工程师

     王海龙 南京长江都市建筑设计股份有限公司 工程师

     周坚良 泰州市建设工程施工图设计审查中心 工程师

     王流金 南京长江都市建筑设计股份有限公司 高级工程师

前　言

泰州为江苏省建筑产业现代化示范城市，为推动装配式建筑高质量发展，市政府先后出台了《市政府关于印发促进和扶持建筑业发展实施办法的通知》（泰政发〔2016〕94号）、《泰州市建筑产业现代化"十三五"发展规划》（泰政办发〔2017〕166号）、《关于进一步加大建筑产业现代化推进力度的通知》（泰建发〔2018〕229号）等文件，对泰州市推进建筑产业现代化的总体要求、重点工作、政策支持以及保障措施等方面进行了全面部署。"十三五"期间，全市新开工装配式建筑面积达389.5万 m^2，2020年新开工装配式建筑面积占比达34%，完成省厅下达目标的114.47%。截至"十三五"末，全市有装配式建筑生产企业18家，其中PC构件生产企业11家，年产能约70万 m^3。

为进一步促进泰州建筑产业现代化高质量发展，提升装配式建筑从业人员的职业技能，编制本书。

本书主要分为5章。第1章概述主要介绍了装配式建筑设计、审查常用标准、图集和相关报审材料；第2章主要介绍了"三板"、预制装配率的审查要点以及装配式建筑综合评定关键问题；第3章结合相关标准规范介绍了装配式混凝土建筑审查原则，建筑专业施工图审查要点，结构专业施工图审查要点，设备专业施工图审查要点；第4章针对目前装配建筑设计中容易出现的问题进行总结梳理，给出了在前期技术策划阶段注意事项以及建筑、结构、设备专业设计中出现的常见问题及解决方法；第5章对泰州市近几年来装配式建筑送审图纸进行剖析，提炼了相关设计问题及注意事项。

本书可作为装配式建筑设计人员、审图人员以及管理人员的参考用书。

目 录

第1章 概　　述

我国施工图审查制度的确立，是以法律、法规和强制性标准为依据，以保证工程安全和公众利益为目的的强制性监督行为。在国家"放管服"改革的新形势下，越是放开勘察设计市场，越要加强审查监管力度，施工图审查是基本建设程序的重要环节，未经审查批准或审查不合格的设计文件不得使用。装配式建筑的施工图设计文件审查与传统现浇结构相比，除了常规审查项目外，增加了预制装配率等装配式建筑的专项指标审查内容。

1.1　装配式建筑相关标准、图集

目前，装配式建筑的标准体系已基本建立完成，并随着工程经验的积累不断完善。现行的国家标准、行业标准、图集见表1.1-1、江苏省标准图集见表1.1-2。

国家装配式建筑标准、图集 表 1.1-1

序号	名称	编号	类别
1	装配式混凝土建筑技术标准	GB/T 51231—2016	国标
2	建筑结构可靠性设计统一标准	GB 50068—2018	国标
3	装配式建筑评价标准	GB/T 51129—2017	国标
4	混凝土结构工程施工质量验收规范	GB 50204—2015	国标
5	装配式混凝土结构技术规程	JGJ 1—2014	行标
6	装配式住宅建筑设计标准	JGJ/T 398—2017	行标
7	钢筋套筒灌浆连接应用技术规程	JGJ 355—2015	行标
8	钢筋机械连接技术规程	JGJ 107—2016	行标
9	钢筋连接用套筒灌浆料	JGT 408—2019	行标
10	钢筋连接用灌浆套筒	JGT 398—2019	行标
11	钢筋锚固板应用技术规程	JGJ 256—2011	行标
12	钢筋焊接网混凝土结构技术规程	JGJ 114—2014	行标
13	钢筋焊接及验收规程	JGJ 18—2012	行标
14	混凝土结构后锚固技术规程	JGJ 145—2013	行标
15	装配式混凝土结构住宅建筑设计示例（剪力墙结构）	15J939-1	图集
16	装配式混凝土结构表示方法及示例（剪力墙结构）	15G107-1	图集
17	预制混凝土剪力墙外墙板	15G365-1	图集

续表

序号	名称	编号	类别
18	预制混凝土剪力墙内墙板	15G365-2	图集
19	桁架钢筋混凝土叠合板（60mm 厚底板）	15G366-1	图集
20	预制钢筋混凝土板式楼梯	15G367-1	图集
21	装配式混凝土结构连接节点构造（楼盖结构和楼梯）	15G310-1	图集
22	装配式混凝土结构连接节点构造（剪力墙结构）	15G310-2	图集
23	预制钢筋混凝土阳台板、空调板及女儿墙	15G368-1	图集

江苏省装配式建筑标准、图集
表 1.1-2

序号	名称	编号	类别
1	江苏省装配式建筑综合评定标准	DB32/T 3753—2020	省标
2	成品住房装修技术标准	DB32/T 3691—2019	省标
3	住宅设计标准	DB32/T 3920—2020	省标
4	装配整体式混凝土结构检测技术规程	DB32/T 3754—2020	省标
5	装配整体式自保温混凝土建筑技术规程	DGJ32/TJ 133—2011	省标
6	预制预应力混凝土装配整体式结构技术规程	DGJ32/TJ 199—2016	省标
7	预制装配整体式剪力墙结构技术规程	DGJ32/TJ 125—2016	省标
8	装配整体式混凝土框架结构技术规程	DGJ32/TJ 219—2017	省标
9	居住建筑标准化外窗系统应用技术规程	DGJ32/J 157—2017	省标
10	装配式复合玻璃纤维增强混凝土板外墙应用技术规程	DGJ32/TJ 217—2017	省标
11	蒸压轻质加气混凝土板应用技术规程	DGJ32/TJ 06—2017	省标
12	装配式建筑工程质量验收规程	DGJ32/J 184—2016	省标
13	装配整体式混凝土结构构件连接构造	苏 G56—2020	图集
14	钢筋桁架混凝土叠合板	苏 G25—2015	图集
15	预制装配式住宅楼梯设计图集	苏 G26—2015	图集
16	预应力混凝土双 T 板	苏 G12—2016	图集
17	预应力混凝土叠合板	苏 G11—2016	图集
18	住宅空调机位	苏 J52—2017	图集
19	住宅阳台	苏 J04—2019	图集

1.2 装配式建筑报审材料

装配式建筑（混凝土结构）各专业设计报审资料除与一般现浇结构相同的部分外，各专业还需提交装配式建筑专项内容。

1.2.1 建筑专业报审资料

建筑专业报审材料主要有装配式建筑专项设计说明和连接节点建筑构造详图。其中专项设计说明应包括：项目概况、结构形式、采用的预制构件种类和位置、各类预制构件的耐火极限和防火构造要求、建筑外围护材料和形式、相关节点构造说明、预制装配率、"三板"等内容。

1.2.2 结构专业报审资料

结构专业的报审材料主要有计算书和设计图纸。

计算书包括：结构整体计算，接缝的正截面承载力计算，预制柱底水平接缝的受剪承载力计算，剪力墙水平接缝的受剪承载力计算，叠合梁端竖向接缝的受剪承载力计算，梁柱节点核心区抗震受剪承载力验算，装配式结构中叠合受弯构件的两阶段计算，预埋件验算，预制预应力混凝土装配整体式框架结构的连接计算，外挂墙板计算，装配式结构预制装配率、"三板"计算等。

设计图纸包括：装配式结构专项说明，预制构件布置图，预制构件模板图和配筋图，预埋件布置图，节点连接详图（如梁-板连接、墙-板连接、梁-梁连接、梁-柱连接、梁-墙连接、墙-墙连接、悬挑构件连接等），预制非承重构件与主体结构连接详图。

1.2.3 设备专业报审资料

设备专业的报审材料主要有以下方面：（1）应说明采用装配式的各建筑单体分布及预制混凝土构件的分布情况；（2）预留孔洞、沟槽，预埋管线、箱体、接线盒、套管，以及管道的标高、直径等应精确定位；（3）复杂的安装节点应给出剖面图；（4）预制构件防雷装置连接要求应有说明。

第2章 装配式建筑评价指标审查要点

江苏省从2017年开始陆续颁布了《关于在新建建筑中加快推广应用预制内外墙板预制楼梯板预制楼板的通知》（苏建科〔2017〕43号）《关于进一步明确新建建筑应用预制内外墙板预制楼梯板预制楼板相关要求的通知》（苏建函科〔2017〕1198号）等政策文件推进装配式建筑的发展。文件要求单体建筑中强制应用的"三板"总比例不得低于60%，其中强制应用的"三板"包括预制楼板、预制楼梯板、预制内隔墙板。2018年，国家标准《装配式建筑评价标准》GB/T 51129—2017正式执行，统一以"装配率"作为唯一的指标来评价装配式建筑的装配化程度，在国标推出之后，各地陆续推出了适应本地相关情况的地方标准。2020年江苏省发布了《江苏省装配式建筑综合评定标准》DB32/T 3753—2020，规定了居住建筑的预制装配率不小于50%，公共建筑的预制装配率不小于45%，同时给出了装配式建筑进行综合评定的方法。

现阶段，江苏省内新建项目严格执行"三板"的政策要求；预制装配率是目前省内土地的出让条件之一，应根据各地市要求确定，同时预制装配率应符合《江苏省装配式建筑综合评定标准》DB32/T 3753—2020的要求；对于高品质或试点示范装配式建筑参与综合评定的，除满足预制装配率要求外，还应满足标准化设计、集成技术应用、施工技术应用等项目建造全过程方面的内容。

2.1 "三板"审查

根据《关于进一步明确新建建筑应用预制内外墙板预制楼梯板预制楼板相关要求的通知》（苏建函科〔2017〕1198号），混凝土结构"三板"的计算公式如下所示：

$$R = \frac{a+b+c}{A+B+C} + \gamma \frac{\varepsilon}{E}$$

式中　R——三板应用比例；

A——楼板总面积；

B——楼梯总面积；

C——内隔墙总面积；

E——鼓励应用部分总面积（外墙板、阳台板、遮阳板、空调板）；

γ——鼓励应用部分折减系数，取0.25；

　　a——预制楼板总面积；

　　b——预制楼梯总面积；

　　c——预制内隔墙总面积；

　　ε——鼓励应用部分预制总面积（预制外墙板、预制阳台板、预制遮阳板、预制空调板）。

　　"三板"审查主要包括以下几方面：（1）"三板"计算书是否完整；计算书应包括项目概况、设计依据、预制楼板、预制楼梯、预制内外墙板的布置图纸及统计表格；（2）"三板"各项计算内容是否正确，做到图算一致；（3）"三板"应用比例是否满足相关政策文件的要求。

　　"三板"计算书中需要提供各层预制楼板、预制楼梯及预制内隔墙板布置图，具体的表现形式如图 2.1-1～图 2.1-4 所示，图中需明确各类预制构件拆分情况（用不同图例填充）、构件编号等内容以及对应非预制构件的范围。"三板"的计算统计表可分类别列出，最终汇总，见表 2.1-1，统计表与图面数据应保持一致。

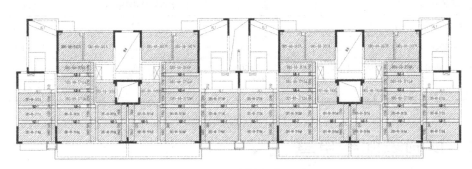

图 2.1-1　预制楼板布置图

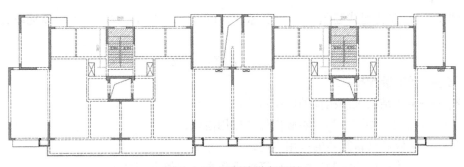

图 2.1-2　预制楼梯布置图

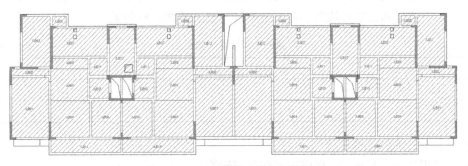

图 2.1-3　对应楼板、楼梯总面积图

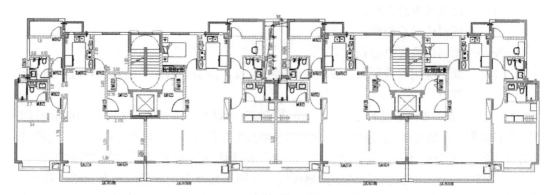

图 2.1-4 成品内隔墙布置图

"三板"的计算统计表   表 2.1-1

技术配置选项	项目实施情况	面积(m²)	对应部分总面积(m²)	比值
预制叠合板	2-28	7780	12451	62.48%
预制楼梯	2-28	461	478	96.44%
预制内隔墙	1-28	11505	11588	99.28%
三板应用比例				80.54%

2.2 预制装配率审查

2.2.1 计算方法

根据《江苏省装配式建筑综合评定标准》DB32/T 3753—2020，预制装配率按下式计算。

$$Z = \alpha_1 Z_1 + \alpha_2 Z_2 + \alpha_3 Z_3$$

式中 Z——预制装配率；

Z_1——主体结构预制构件的应用占比；

Z_2——装配式外围护和内隔墙构件的应用占比；

Z_3——装修和设备管线的应用占比；

α_1——主体结构的预制装配率计算权重系数，取值见表 2.2-1；

α_2——装配式外围护和内隔墙构件的预制装配率计算权重系数，取值见表 2.2-1；

α_3——装修和设备管线的预制装配率计算权重系数，取值见表 2.2-1。

预制装配率计算权重系数   表 2.2-1

分项	α_1	α_2	α_3
混凝土结构	0.5	0.25	0.25
混合结构	0.45	0.25	0.3

1. Z_1 项主体结构部分

装配式混凝土建筑的 Z_1 项应按下列公式计算：

$$Z_1 = (0.6 \times q_{竖向} + 0.4 \times q_{水平}) \times 100\%$$

$$q_{竖向} = \frac{V_{1竖向}}{V_{竖向}} \times 100\%$$

对于剪力墙结构楼盖

$$q_{水平} = \left(0.75 \times \frac{A_{1板类}}{A_{板类}} + 0.25 \times \frac{A_{1梁类}}{A_{梁类}}\right) \times 100\%$$

对于其他楼盖

$$q_{水平} = \left(0.65 \times \frac{A_{1板类}}{A_{板类}} + 0.35 \times \frac{A_{1梁类}}{A_{梁类}}\right) \times 100\%$$

式中　$q_{竖向}$——主体结构中预制竖向构件体积占比；

$q_{水平}$——主体结构中预制水平构件面积占比；

$V_{1竖向}$——主体结构中预制竖向构件体积之和；

$V_{竖向}$——主体结构中竖向构件总体积；

$A_{1板类}$——主体结构中预制或免模板浇筑的水平板类构件水平投影面积之和；

$A_{板类}$——主体结构中水平板类构件水平投影总面积；

$A_{1梁类}$——主体结构中预制梁类构件水平投影面积之和；

$A_{梁类}$——主体结构中梁类构件水平投影总面积。

装配式混合结构的 Z_1 项应按下列公式计算：

$$Z_1 = \left(0.3 \times \frac{A_{1楼板、墙板}}{A_{楼板、墙板}} + 0.7 \times \frac{L_{1梁} + 10 \times L_{1柱、支撑}}{L_{梁} + 10 \times L_{柱、支撑}}\right) \times 100\%$$

式中　$A_{1楼板、墙板}$——混合结构主体结构中预制或免模板浇筑的楼板水平投影面积和墙板单侧竖向投影面积之和；

$A_{楼板、墙板}$——混合结构主体结构中楼板水平投影面积和墙板单侧竖向投影面积之和；

$L_{1梁}$——混合结构主体结构中预制或免模板浇筑的梁的长度之和；

$L_{梁}$——混合结构主体结构中梁的长度之和；

$L_{1柱、支撑}$——混合结构主体结构中预制或免模板浇筑的柱、支撑构件的长度之和；

$L_{柱、支撑}$——混合结构主体结构中柱、支撑构件的长度之和。

1）竖向构件计算方法

混凝土结构竖向构件体积计算时下列情况可以计入预制构件的计算：（1）预制夹心保温墙中的轻质保温材料可计入预制构件的体积计算；（2）预制双层叠合剪力墙板的后浇混凝土部分可计入预制构件的体积计算；（3）预制柱间高度不大于柱截面较小尺寸的连接区后浇混凝土可计入预制构件的体积计算；（4）预制剪力墙板之间宽度不大于 600mm 的竖向现浇段和高度不大于 300mm 的水平后浇带、圈梁的后浇混凝土可计入预制构件的体积计算，如图 2.2-1 所示。

2）水平构件计算方法

混凝土结构水平构件面积计算时下列情况可以计入预制构件的计算：（1）水平构件有楼板、阳台板、空调板、雨篷、楼梯等，包括免模板浇筑的水平板类构件，如钢筋桁架楼

7

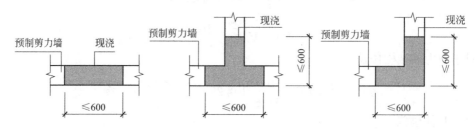

图 2.2-1 后浇混凝土计入预制构件图示

承板；（2）预制楼板构件间宽度不大于 300mm 的后浇混凝土可计入预制构件的面积计算，见图 2.2-2 和表 2.2-2；（3）预制框架梁和框架柱之间梁柱节点区的后浇混凝土可计入预制构件的面积计算；（4）对于屋顶采用大跨网架、网壳、膜结构的建筑，视该层为预制板，可按取其水平投影面积统计。

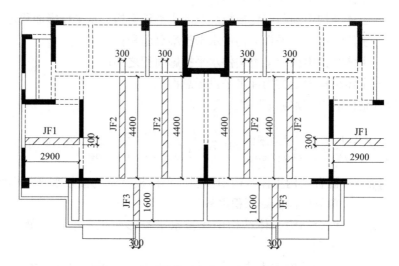

图 2.2-2 后浇带不大于 300mm 接缝图示

后浇带不大于 300mm 面积统计   表 2.2-2

楼层	楼板编号	长（mm）	宽（mm）	单块面积（m²）	单层数量	层数	总数	总面积（m²）
二层	JF1	2900	300	0.87	6	1	6	5.22
	JF2	1000	40	0.04	6	1	6	0.24
合计								5.46
三层	JF1	2900	300	0.87	6	1	6	5.22
	JF2	4400	300	1.32	12	1	12	15.84
	JF3	1600	300	0.48	6	1	6	2.88
合计								23.94
四层	JF1	2900	300	0.87	6	1	6	5.22
	JF2	1000	40	0.04	6	1	6	0.24
合计								5.46

续表

楼层	楼板编号	长(mm)	宽(mm)	单块面积(m²)	单层数量	层数	总数	总面积(m²)
五层	JF1	2900	300	0.87	6	1	6	5.22
	JF2	4400	300	1.32	12	1	12	15.84
	JF4	1600	300	0.48	6	1	6	2.88
合计								23.94
六层	JF1	2900	300	0.87	6	1	6	5.22
	JF2	1000	40	0.04	6	1	6	0.24
合计								5.46
总计								64.26

2. Z_2 项外围护和内隔墙部分

装配式外围护和内隔墙构件 Z_2 项应按下式计算：

$$Z_2 = \frac{A_{2外围护} + A_{2内隔墙}}{A_{外围护} + A_{内隔墙}} \times 100\%$$

式中　$A_{2外围护}$——装配式外围护构件的墙面面积之和；

　　　$A_{外围护}$——非承重外围护构件的墙面面积之和；

　　　$A_{2内隔墙}$——装配式内隔墙构件的墙面面积之和；

　　　$A_{内隔墙}$——非承重内隔墙构件的墙面面积之和。

1）建筑幕墙的计算方法

建筑幕墙计算面积时，单元式玻璃幕墙（图 2.2-3）按幕墙总面积的 100% 计算，非单元式玻璃幕墙（图 2.2-4）按幕墙总面积的 50% 计算。

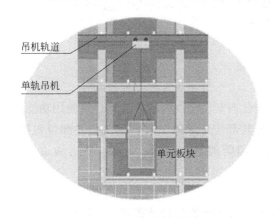

图 2.2-3 单元式玻璃幕墙

图 2.2-4 非单元式玻璃幕墙

2）复合式外围护构件计算方法

外围护构件为复合式时，如外墙表面采用装配式装饰铝板等，内侧采用砌筑墙体，当砌筑墙体作为外围护结构的主体并计入建筑节能计算时，该复合式围护应考虑按照一层墙体的面积计入分母，且不应计入分子（不能算作装配式外围护构件的面积）。

3）阳台玻璃推拉门计算方法

阳台玻璃推拉门（门两侧紧邻结构、门上为梁），如果两侧结构、门上梁均为现浇，玻璃推拉门面积需计入分母。当推拉门副框和周围一起预制的情况下，玻璃推拉门（成品）属于装配式外围护构件，允许同时计入分子和分母。

4）内隔墙计算方法

内隔墙只强调非砌筑、非承重这一特性。符合这一要求的墙体均可计入分子中。符合的墙体类型有：轻钢龙骨石膏板内隔墙、蒸压轻质加气混凝土内隔墙、钢筋陶粒混凝土轻质内隔墙。具体如图 2.2-5 所示。

  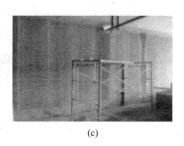

(a)   (b)   (c)

图 2.2-5　成品内隔墙

（a）轻钢龙骨石膏墙板；（b）蒸压轻质加气混凝土墙板；（c）钢筋陶粒混凝土轻质墙板

3. Z_3 项装修和设备管线部分

装修和设备管线 Z_3 项应按下式计算：

$$Z_3 = 35\% q_{全装修} + (0.25 q_{卫生间、厨房} + 0.3 q_{干式} + 0.1 q_{管线}) \times 100\%$$

式中　$q_{全装修}$——满足居住建筑全装修，公共建筑公共部位全装修时 $q_{全装修}$ 取 1；

$q_{卫生间、厨房}$——集成卫生间和集成厨房的应用占比；

$q_{干式}$——干式工法楼地面的应用占比；

$q_{管线}$——管线分离的应用占比。

1）全装修的计算方法

全装修即建筑功能空间的固定面装修和设备设施安装全部完成，达到建筑使用功能和性能。计算时区分居住建筑全装修和公共建筑公共部位全装修。公共建筑公共部位包括：楼梯间、电梯厅、公共卫生间、公共设备用房、消防前室、门厅、走廊、货运通道、车库等。

2）集成厨卫的计算方法

集成卫生间：地面、吊顶、墙面和洁具设备及管线等通过设计集成、工厂生产，在工地主要采用干式工法装配而成的卫生间。当卫生间中的洁具设备等全部安装到位，且墙面、顶面和地面采用干式工法的应用比例大于 70%，可认定为采用了集成卫生间。集成卫生间如图 2.2-6 所示，卫生间连接节点构造如图 2.2-7 所示。

符合集成卫生间判断标准的做法举例：饰面、设备统一集成的卫生间模块，现场干法组装；工厂一次成型的整体卫生间，常用 SMC 底盘、FRP 底盘、PV-ABS 底盘；卫生间集成吊顶集取暖、换气、照明一体化，安装简单，布置灵活，维修方便。

图 2.2-6 集成卫生间

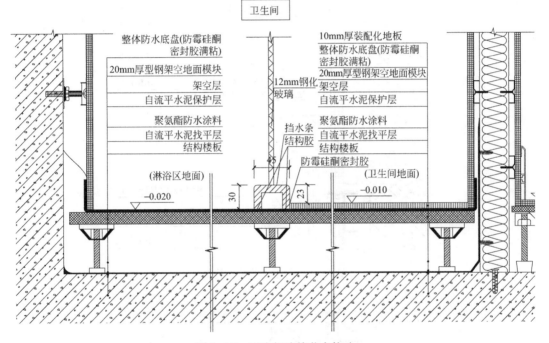

图 2.2-7 卫生间连接节点构造

集成厨房：地面、吊顶、墙面、橱柜、厨房设备及管线等通过设计集成、工厂生产，在工地主要采用干式工法装配而成的厨房。当厨房中的橱柜、厨房设备等全部安装到位，且墙面、顶面和地面采用干式工法的应用比例大于70%，认定为采用了集成厨房。集成厨房拆分如图 2.2-8 所示，吊柜安装节点构造如图 2.2-9 所示，地柜安装节点构造如图 2.2-10 所示。

符合集成厨房判断标准的做法举例：干法饰面＋整体橱柜，橱柜后不做饰面处理的墙体面积可不计入计算；饰面、设备统一集成的厨房模块，现场干法组装；厨房吊顶集凉霸、照明一体化，安装简单，布置灵活，维修方便。

3）干式工法楼地面计算方法

干式工法楼地面的重点在于采用干式工法，现场无湿作业，若采用了混凝土找平等湿作业楼地面后再进行干式铺装地板都不能算作干式工法楼地面。符合干式工法楼地面的做

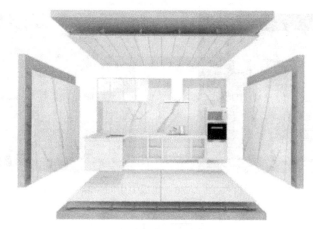

图 2.2-8　集成厨房拆分

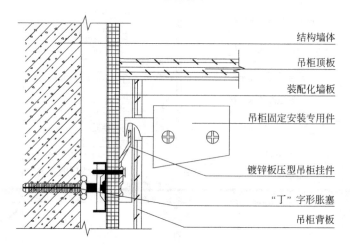

结构墙体

吊柜顶板

装配化墙板

吊柜固定安装专用件

镀锌板压型吊柜挂件

"丁"字形胀塞

吊柜背板

图 2.2-9　吊柜安装节点构造

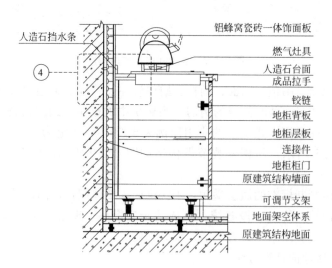

人造石挡水条

铝蜂窝瓷砖一体饰面板

燃气灶具

人造石台面

成品拉手

铰链

地柜背板

地柜层板

连接件

地柜柜门

原建筑结构墙面

可调节支架

地面架空体系

原建筑结构地面

图 2.2-10　地柜安装节点构造

法有成品地板、架空地板、干式地暖，如图 2.2-11 所示。在进行预制装配率计算时以下部位可不计入计算面积：（1）居住建筑的厨房、卫生间、阳台以及公共部位面积；（2）公共建筑的卫生间。

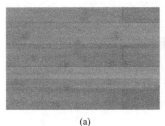
(a)

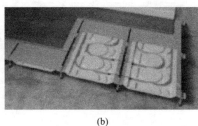
(b)

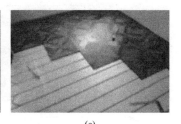
(c)

图 2.2-11　干式工法楼地面

（a）成品地板；（b）架空地板（含采暖）；（c）干式地暖

2.2.2　预制装配率审查要点

预制装配率的审查主要包括报审材料的完整性、预制装配率的计算正确性。

1. 报审材料的完整性

报审材料应包括：（1）预制装配率计算书；（2）Excel 计算过程表格；（3）主体结构、内外围护结构以及装修与设备管线部分的相关图纸。

2. 预制装配率计算书的完备性

预制装配率计算书格式可参考附录 C，具体应包括以下方面：（1）工程概况，主要包括总建筑面积、各栋单体地上建筑面积、成品房套数、技术经济指标等；（2）装配式技术运用情况说明；（3）预制构件使用情况说明；（4）预制装配率统计表；（5）各层构件布置图及详细计算书，包括预制部分及现浇部分；（6）内装平面布置图及详细计算书。

预制装配率计算书中预制楼板、预制楼梯及预制隔墙板的图例可参考 2.1 节。预制装配率计算书中预制剪力墙的平面表达详见图 2.2-12。

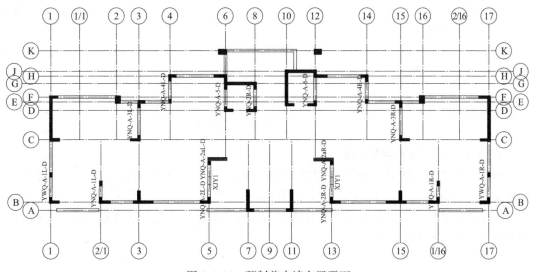

图 2.2-12　预制剪力墙布置平面

预制装配率计算书中预制梁、柱的布置的平面表达详见图 2.2-13。

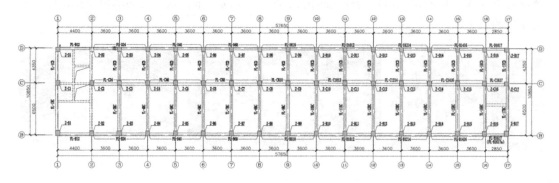

图 2.2-13　预制梁、柱布置图

预制装配率计算书中应分块表示干式铺装区域、非干式铺装区域、卫生间厨房区域，表示方式可以参照图 2.2-14。

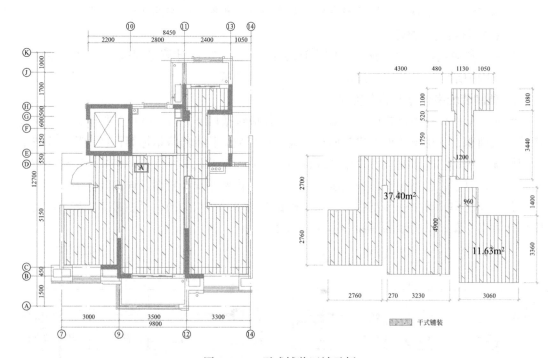

图 2.2-14　干式铺装区域示例

3. 预制装配率是否满足要求

根据《江苏省装配式建筑综合评定标准》DB32/T 3753—2020 的规定，公共建筑预制装配率不得低于 45%，居住建筑预制装配率不得低于 50%。结合相关工程数据统计，对于装配整体式剪力墙结构及装配整体式框架结构各部品部件对预制装配率最大贡献范围可参考表 2.2-3 和表 2.2-4。

装配整体式剪力墙结构　　　　　　　　　　　　　表 2.2-3

项目			预制装配率最大范围
主体	剪力墙		5%～10%
	水平	梁	3%～5%
		板	13%～20%
围护	内隔墙		11%～20%
	外围护		4%～13%
装修	全装修		8.75%
	干式工法		7.50%
	厨卫		6.25%
	管线		2.50%

注：1. 预制剪力墙的应用比例主要受到楼层数、加强区范围、墙肢截面类型（"一"字形、L 形墙肢两端暗柱不能算入预制墙体）、电梯井加强区等因素的影响。

　　2. 预制楼板的应用比例主要受到加强部位、开洞、卫生间降板和防水的影响。

　　3. 预制梁的应用比例主要受到剪力墙结构布置及管线预埋等因素的影响。

　　4. 内隔墙和外围护主要受到建筑体型和户型布置的影响，一般内隔墙占比更大。

装配整体式框架结构　　　　　　　　　　　　　　表 2.2-4

项目			预制装配率最大范围
主体	柱		16%～20%
	水平	梁	8%～10%
		板	11%～19%
围护	内隔墙		12%～16%
	外围护		8%～13%
装修	全装修		8.75%
	干式工法		7.50%
	厨卫		6.25%
	管线		2.50%

注：1. 预制梁的应用比例主要受到框架楼盖布置形式及管线穿孔等方面的影响。

　　2. 预制柱受构件标准化的影响，如层高变化、柱截面变化等因素。

　　3. 框架结构中内隔墙与外围护基本都可采用预制构件，占比主要受建筑体型与建筑平面布置的影响。

2.3　装配式建筑等级的综合评定

2.3.1　评定方法

　　根据《江苏省装配式建筑综合评定标准》DB32/T 3753—2020 的规定，装配式建筑综合评定的分值应根据表 2.3-1 中的评定项及评定分值计算，各评定项应满足最低分值的要求。各项指标综合评定评分占比情况如图 2.3-1 所示。

评定项		评定要求	评定分值	最低分值
标准化与一体化设计评定得分 S_1		按计分要求评分	5～10	5
预制装配率评定得分 S_2	居住建筑	$S_2=Z$	50～100	50
	公共建筑		45～100	45
绿色建筑评价等级得分 S_3		按计分要求评分	0～4	—
集成技术应用评定得分 S_4		按计分要求评分	1～6	2
项目组织与施工技术评定得分 S_5		按计分要求评分	4～10	4

装配式建筑综合评定表   表 2.3-1

装配式建筑综合评定的分值计算公式为:

$$S=S_1+S_2+S_3+S_4+S_5$$

式中 S——装配式建筑综合评定得分;

      S_1——标准化与一体化设计评定得分;

      S_2——预制装配率评定得分;

      S_3——绿色建筑评价得分;

      S_4——集成技术应用评定得分;

      S_5——项目组织与施工技术应用评定得分。

根据装配式建筑的综合评定分值可将装配式建筑综合评定等级分为一星级、二星级、三星级。

装配式建筑综合等级评定   表 2.3-2

装配式建筑等级	综合评定得分
一星级	60 分≤S<75 分
二星级	75 分≤S<90 分
三星级	S≥90 分

2.3.2 审查要点

参与装配式建筑综合评定的项目需满足三个前置条件:(1)居住建筑的预制装配率应不低于50%,公共建筑预制装配率应不低于45%;(2)居住建筑应采用全装修,公共建筑公共部位应采用全装修;(3)主体结构预制构件的应用占比 Z_1 应不低于35%。

重点审查以下几个方面:(1)标准化与一体化设计评定得分不低于5分;(2)集成技术应用评定得分不低于2分;(3)项目组织与施工技术评定得分不低于4分。

1. 标准化审查要点

基本单元(户型)标准化、预制构件标准化以及外墙保温装饰一体化主要审查计算书内容是否正确。居住建筑工程项目中,基本户型应用比例指该住宅小区内所有采用装配式建筑的单体建筑中重复使用最多的三个基本户型面积之和所占比例。公共建筑的基本功能单元如写字楼的标准办公间、酒店的标准间、医院的标准病房、学校的标准教室等。

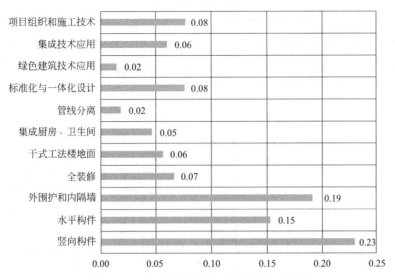

图 2.3-1　各项指标综合评定评分占比情况

以某住宅项目为例，户型标准化的表达与计算见图 2.3-2 和表 2.3-3。

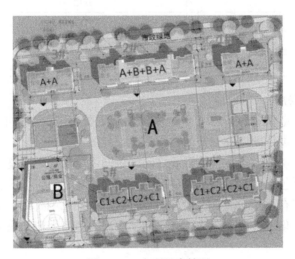

图 2.3-2　户型组合情况

户型比例　　　　　　　　　　　　　　　　　　　　　　　表 2.3-3

户型编号	户型数	户型总数	户型占比
A	108		37.5%
B	36	288	12.5%
C1	72		25%
C2	72		25%

其中 A、C1、C2 三个户型占比和为 87.5%，大于 70%。

标准化构件指单体建筑或项目中同一建筑类型实施装配式建筑的全部单体建筑中数量不少于 50 件的同一共模构件。标准化构件的计算见表 2.3-4。

标准化构件统计表   表 2.3-4

类型	构件	编号	数量
竖向构件	"一"字形预制剪力墙	YWQ1L　YWQ1R	30
		YWQ2L　YWQ2R	60
		YWQ3L　YWQ3R	90
		YWQ4L　YWQ4R	90
	带飘窗预制墙板	YTC1L　YTC1R	30
		YTC2L　YTC2R	60
水平构件	预制叠合阳台	YYT1L　YYT1R	90
		YYT2	90
	预制空调板	YKT1L　YKT1R	30
		YKT2L　YKT2R	60
	预制叠合楼板	YLB 2400	360
		YLB 1800	540
		YLB 1500	720
		其他	480
	预制楼梯	YLT1L	90
		YLT1R	60
标准化预制构件比例			80.2%

2. 一体化审查要点

建筑、结构、机电设备、室内装修一体化设计主要审查是否具有完整的专项设计说明、完整的室内装修设计图以及完整的构件深化设计图。

完整的专项设计说明包括各设计专业之间的协同设计内容，完整的项目设计信息；完整的室内设计装修图包括墙体系统、吊顶系统、地面系统、门窗系统、设备管线系统、厨卫系统（公共建筑仅有卫生间部分）、收纳系统（仅居住建筑涉及）等。构件深化设计图是指结构专业构件深化设计图纸，并充分考虑了应用的产品生产和施工建造的经济性、便利性和可行性。

3. 集成技术应用审查要点

集成技术应用部分的审查主要包括节能报告、项目隔震减震说明与图纸以及信息化技术的 BIM 模型与报告。某项目 BIM 技术应用情况如图 2.3-3～图 2.3-5 所示。

4. 项目组织与施工技术审查要点

施工图阶段，项目的综合评定为预评定，主要审查项目的项目组织与管理以及装配化施工专项方案，待项目竣工验收后进行综合评定等级的综评。

2.3.3　不同评定等级的技术配置方案

以某 18 层混凝土剪力墙住宅项目为例，针对不同评价等级分别给出了三种技术配置方案，见表 2.3-5。

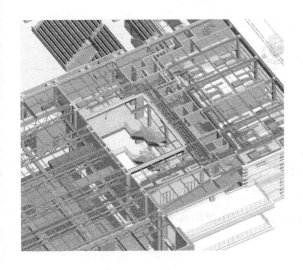

图 2.3-3　施工图模型

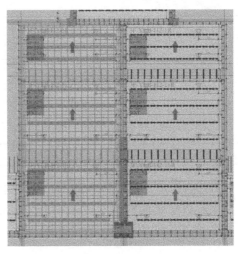

图 2.3-4　构件深化设计

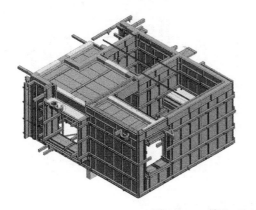
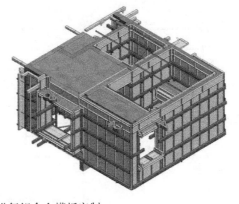

图 2.3-5　利用 BIM 进行铝合金模板定制

《江苏省装配式建筑综合评定标准》技术配置方案

表 2.3-5

技术配置方案		技术配置方案一		技术配置方案二		技术配置方案三	
		应用比例	得分	应用比例	得分	应用比例	得分
标准化与一体化设计 S_1		8		8		8	
主体结构 Z_1	竖向构件	7.41%	2.2	7.41%	2.2	31.94%	9.6
	水平板构件	86.60%	13.0	86.60%	13.0	86.60%	13.0
	水平梁构件	25.77%	1.3	25.77%	1.3	25.77%	1.3
外围护和内隔墙 Z_2	外围护	30.84%	2.8	30.84%	2.8	44.54%	4.0
	内隔墙	100%	16.0	100%	16.0	100%	16.0
装修和设备管线 Z_3	全装修	100%	8.8	100%	8.8	100%	8.8
	集成厨房	0.0	0.0	100%	2.5	100%	2.5
	集成卫生间	0.0	0.0	0.0	0.0	100%	3.8
	干式工法楼地面	100%	7.5	100%	7.5	100%	7.5
	管线分离	0.0	0.0	0.0	0.0	0.0	0.0

技术配置方案	技术配置方案一		技术配置方案二		技术配置方案三	
	应用比例	得分	应用比例	得分	应用比例	得分
绿色技术应用 S_3	0.0		0.0		2.0	
集成技术应用 S_4	2.0		6.0		7.0	
项目组织与施工技术 S_5	4.5		8.0		8.0	
S	66.1		76.1		91.5	
综合评定等级	一星级		二星级		三星级	

对综合评定一星级的项目,主体结构优先选择水平板类构件,其次选择水平梁类构件,最后选择竖向构件,三项得分不得低于 17.5。预制构件布置图详见图 2.3-6、图 2.3-7。预制构件的种类和数量详见表 2.3-6。

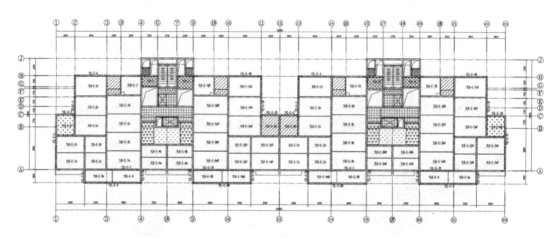

图 2.3-6　一星级预制水平构件布置图

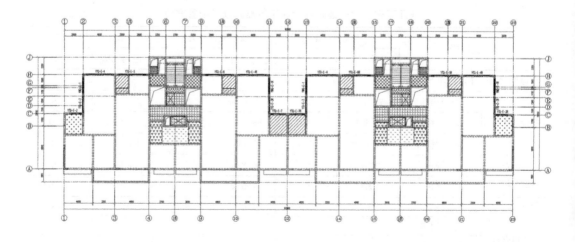

图 2.3-7　一星级预制竖向构件布置图

一星级预制构件的种类和数量　　　　表 2.3-6

构件	预制楼板	预制楼梯	预制阳台	预制梁	预制剪力墙	预制填充墙
种类	8	1	1	7	1	4
数量	9376m²	249m²	859m²	342m²	127m³	2007m²

　　综合评定等级二星级项目在综合评定等级一星级的基础上增加了信息化技术应用、项目组织与施工技术的应用，预制装配率评定项仅增加集成厨房，其余预制装配率评定项的技术选用同综合评定等级一星级。

　　对综合评定三星级的项目，预制装配率须达到 60％以上，预制水平构件布置同综合评定等级一星级，预制竖向构件布置详见图 2.3-8，其预制构件的种类和数量详见表 2.3-7。

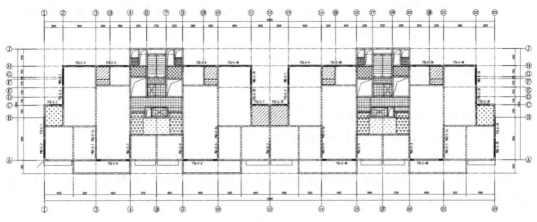

图 2.3-8　三星级预制竖向构件布置图

三星级预制构件的种类和数量　　　　表 2.3-7

构件	预制剪力墙	预制填充墙
种类	5	6
数量	548m³	2898m²

第3章 装配式建筑施工图审查要点

本章主要介绍了装配式建筑施工图审查中，建筑专业、结构专业以及设备专业各自审查的要点及注意事项，供审图人员参考。

3.1 审查原则

落实项目批文内容：审查装配式建筑规模、装配式建筑结构体系、预制构件形式、预制装配率、"三板"等是否与项目的相关批文相符。

施工图审查要点所列的审查内容是保证工程设计质量的基本要求，并不是工程设计的全部内容。设计单位和设计人员应全面执行工程建筑标准和政策法规的有关规定。施工图审查总原则可参考图 3.1-1。

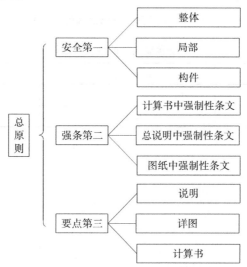

图 3.1-1 施工图审查总原则

地方规程与行业规程相似技术规范条文的执行原则：

（1）对同一技术规定的内容要求相同时，执行地方规程的条文。

（2）对同一技术规定的内容要求不同时，从严执行。

（3）对同一技术规定的内容要求差异较大时，需审慎分析。组织专家论证，执行对结构相对更合理的条文。

3.2 建筑专业施工图审查要点

3.2.1 建筑设计总说明

1. 工程概况

工程概况主要审查以下内容：（1）装配式建筑的基本信息、等级、标准、目标是否正确；（2）装配式建筑的主要技术经济指标是否准确；（3）采用装配式建筑技术的选项及技术措施是否合理。

2. 设计依据

设计依据主要审查以下内容：（1）采用的与装配式建筑设计有关的标准、规定是否齐全、正确，版本是否有效；（2）部品部件的依据是否有效；（3）采用的政府对项目有关装配式建筑的要求是否齐全、正确；（4）与装配式建筑相关的设计基础资料是否齐全、正确。

3. 经济技术指标

技术经济指标中应按幢注明建筑面积、地上部分建筑面积、计算容积率建筑面积、预制外墙或叠合外墙预制部分的建筑面积，以及不计入容积率的预制外墙或叠合外墙预制部分的建筑面积，对于采用预制混凝土结构体系的，应注明每幢建筑单体的预制装配率。

3.2.2 建筑设计图纸

1. 平面图

建筑平面图主要审查以下内容：（1）建筑设施平面布置图是否完整；（2）核查建筑的节点详图（包含引注的位置做法是否正确、是否缺节点等）；（3）楼地面及墙面装饰铺装、顶棚装饰布置图是否完整；（4）内隔墙部品布置是否完整；（5）干式工法楼地面、集成厨房、集成卫生间标注是否完整；（6）公用管线管井布置是否完整，是否和公用图纸一致。

2. 立面图

建筑立面图主要审查以下内容：（1）围护墙采用预制部品标注及预留洞口是否明确完整；（2）是否注明预制部品板块划分的立面分缝线、装饰缝、预留洞口和饰面做法；（3）对围护墙的留洞示意是否正确。

3. 部品部件详图

建筑详图主要审查以下内容：（1）围护墙是否表达构件连接、预埋件、防水、保温层等交接关系和构造做法；（2）内隔墙做法是否合理，干式法楼地面构造做法是否合理；（3）集成厨房、集成卫生间设备布置、建筑饰面做法是否绘制详图，并完整表达；（4）标准单元大样图中是否标注构件与轴线关系，并应表达设备点位综合图；（5）当围护墙预制部品为反打面砖或石材时，是否表达其铺贴排布方式。

3.3 结构专业施工图审查要点

3.3.1 结构设计总说明

1. 工程概况

工程概况主要审查以下内容：（1）采用的装配式结构体系、结构预制构件种类情况描述是否合理；（2）装配式建筑的设防类别是否合理，装配式建筑的抗震等级是否正确；（3）是否有预制构件标准化设计说明内容。

2. 设计依据

采用的与装配式结构设计有关的标准、图集是否齐全、正确，版本是否有效。

3. 结构材料

结构材料主要审查以下内容：（1）预制构件采用的混凝土强度等级、防水混凝土的抗渗等级、混凝土耐久性的基本要求是否合理；（2）预制构件采用的钢材牌号、钢筋种类、钢绞线或高强钢丝种类等是否合理，对应的产品标准是否正确、有效；（3）钢筋浆锚搭接连接的金属波纹管和水泥基灌浆料是否分别符合相关规范的要求。

3.3.2 结构设计图纸

1. 预制构件平面布置图

预制构件平面布置图主要审查以下内容：（1）预制构件平面布置图中定位轴线、楼面结构标高、结构洞口、设备基础的布置及必要的定位尺寸是否表达清楚；（2）预制构件应用部位是否满足《装配式混凝土建筑技术标准》GB/T 51231—2016、《装配式混凝土结构技术规程》JGJ 1—2014 的规定；（3）预制构件平面布置图中采用的预制构件之间（如预制柱、预制墙、预制梁、预制叠合板、预制楼梯等）、预制构件与现浇之间连接位置是否合理，是否满足规范要求；（4）预制构件的定位尺寸、型号或编号、重量、配筋、吊点加强筋等信息是否完整合理；（5）预制构件连接用预埋件布置图及详图是否表达完善。

2. 节点构造大样图

节点构造大样主要审查以下内容：（1）预制构件连接节点是否满足现行装配式规范的布置及要求；（2）预制构件之间、预制与现浇构件之间的相互关系、构件代号、连接材料、附加钢筋（或埋件）的规格、型号是否表达完善，连接方法以及对施工安装、后浇混凝土的有关要求是否合理。

3. 其他图纸

其他图纸主要审查以下内容：（1）楼梯、阳台、空调板等预制构件，平立剖尺寸、构件代号、标高、配筋信息、连接节点大样是否表达、合理；（2）采用预制外挂墙板时，预制构件的规格尺寸、材料强度及配筋、连接大样构造是否合理。

4. 结构计算书

装配式建筑应当采用经鉴定合格适用于装配式建筑结构计算的软件进行结构分析，计算书应重点审查计算控制信息、荷载取值、荷载组合、内力调整信息等关键参数，详见附录B。连接节点应做相应的结构补充分析，如叠合梁端竖向接缝、预制柱底水平接缝、预制剪力墙水平接缝，以下结合相关算例进行说明。

1）叠合梁端竖向接缝受剪承载力

混凝土叠合梁端竖向接缝（图 3.3-1）的受剪承载力设计值应按下列公式计算：

持久设计状况

$$V_u = 0.07 f_c A_{c1} + 0.10 f_c A_k + 1.65 A_{sd}\sqrt{f_c f_y}$$

地震设计状况

$$V_{uE} = 0.04 f_c A_{c1} + 0.06 f_c A_k + 1.65 A_{sd}\sqrt{f_c f_y}$$

式中　A_{c1}——叠合梁端截面后浇混凝土叠合层截面面积；

$\quad\ f_c$——预制构件混凝土轴心抗压强度设计值；

$\quad\ f_y$——垂直穿过结合面钢筋抗拉强度设计值；

$\quad\ A_k$——各键槽的根部截面面积之和，按后浇键槽根部截面和预制键槽根部截面分别计算，并取二者的较小值；

$\quad\ A_{sd}$——垂直穿过结合面除预应力筋外的所有钢筋的面积，包括叠合层内的纵向钢筋。

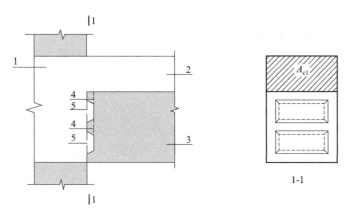

图 3.3-1　叠合梁端受剪承载力计算示意图
1—后浇节点区；2—后浇混凝土叠合层；3—预制梁；
4—预制键槽根部截面；5—后浇键槽根部截面

例 1：

选取一实际工程项目中的次梁计算为例，次梁截面尺寸详见图 3.3-2。混凝土强度等级为 C35，$f_c = 16.7 \text{N/mm}^2$，$f_t = 1.57 \text{N/mm}^2$；钢筋采用 HTRB600E，抗拉强度设计值为 500N/mm^2。次梁端部伸入主梁底部配筋 2 根 25，上部 5 根 25，由计算结果查得梁端剪力设计值为 360kN。

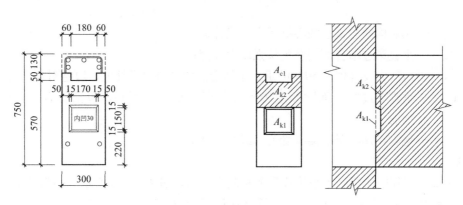

图 3.3-2　次梁截面尺寸

根据《装配式混凝土结构技术规程》JGJ 1—2014 中第 7.2.2 条。

持久设计状态：

$$V_u = 0.07 f_c A_{cl} + 0.10 f_c A_k + 1.65 A_{sd} \sqrt{f_c f_y}$$

其中

$$A_{cl} = 130 \times 130 + 50 \times 180 = 48000 mm^2$$

$$A_{kl} = 180 \times 200 = 36000 mm^2$$

$$A_{k2} = (570 - 220 - 180) \times 300 = 51000 mm^2$$

$$A_k = \min\{A_{kl}, A_{k2}\} = 36000 mm^2$$

$$A_{sd} = 7 \times 490 = 3436 mm^2$$

可知梁端受剪承载力设计值为：

$$V_u = 0.07 \times 16.7 \times 48000 + 0.10 \times 16.7 \times 36000 + 1.65 \times 3436 \times \sqrt{16.7 \times 500}$$
$$= 634.3 kN \geqslant 360 kN$$

地震设计状况：

$$V_{uE} = 0.04 f_c A_{cl} + 0.06 f_c A_k + 1.65 A_{sd} \sqrt{f_c f_y}$$
$$= 0.04 \times 16.7 \times 48000 + 0.06 \times 16.7 \times 36000 + 1.65 \times 3436 \times \sqrt{16.7 \times 500}$$
$$= 586.2 kN \geqslant 360 kN$$

满足要求。

2）预制柱底水平接缝受剪承载力

根据《装配式混凝土结构技术规程》JGJ 1—2014，在地震设计状况下，预制柱底水平接缝的受剪承载力设计值应按下列公式计算：

当预制柱受压时

$$V_{uE} = 0.8N + 1.65 A_{sd} \sqrt{f_c f_y}$$

当预制柱受拉时

$$V_{uE} = 1.65 A_{sd} \sqrt{f_c f_y \sqrt{\left[1 - \left(\frac{N}{A_{sd} f_y}\right)^2\right]}}$$

式中　　f_c——预制构件混凝土轴心抗压强度设计值；

　　　　f_y——垂直穿过结合面钢筋抗拉强度设计值；

　　　　N——与剪力设计值 V 相应的垂直于结合面的轴向力设计值，取绝对值进行计算；

　　　　A_{sd}——垂直穿过结合面除预应力筋外的所有钢筋的面积，包括叠合层内的纵向钢筋；

　　　　V_{uE}——地震设计状况下接缝受剪承载力设计值。

例 2：

以一实际工程中的柱底水平接缝受剪承载力为例，如图 3.3-3 所示。矩形柱截面计算参数：$b = 800 mm$，$h = 1000 mm$；混凝土强度等级为 C45，$f_c = 21.10 N/mm^2$，$f_t = 1.80 N/mm^2$；钢筋采用 HRB400，$f_y = 360 N/mm^2$；柱截面的纵向钢筋面积为 $A_s = 314.16 \times 8 + 490.87 \times 10 = 7422 mm^2$；由计算结果查得柱的轴向力设计值为 4051kN，与此轴向力相应的柱底剪力设计值为 $V = 234.78 kN$。

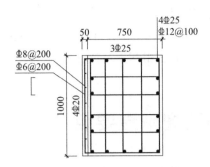

图 3.3-3　柱截面尺寸及配筋

根据《装配式混凝土结构技术规程》JGJ 1—2014 中第 7.2.3 条，预制柱底水平接缝的受剪承载力设计值：

$$V_{uE} = 0.8N + 1.65A_{sd}\sqrt{f_c f_y}$$
$$= 0.8 \times 4051 \times 10^3 + 1.65 \times 7422 \times \sqrt{21.1 \times 360}$$
$$= 4308kN \geqslant 234.78kN$$

满足要求。

3）预制剪力墙水平接缝受剪承载力

预制装配剪力墙水平接缝处的受剪承载力设计值应按下式计算：

$$V_{uE} \leqslant 0.6f_y A_{sd} + 0.8N$$

式中　　V_{uE}——水平接缝受剪承载力设计值；

f_y——垂直穿过水平结合面的钢筋或螺杆抗拉强度设计值；

A_{sd}——垂直穿过水平结合面的抗剪钢筋或螺杆面积；

N——与剪力设计值 V 相应的垂直于水平结合面的轴向力设计值，压力时取正，拉力时取负；当大于 $0.6f_c bh_0$ 时，取 $0.6f_c bh_0$；此处 f_c 为混凝土的轴心抗压强度设计值，b 为剪力墙厚度，h_0 为剪力墙截面有效高度。

例3：

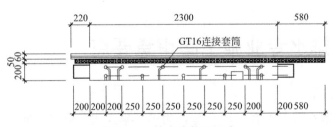

图 3.3-4　剪力墙截面尺寸

选取一实际工程中的装配剪力墙，墙体构件施工图详图 3.3-4。钢筋采用 HRB400，$f_y = 360N/mm^2$；剪力墙结合面的抗剪钢筋为 11 根 16，钢筋面积 $A_s = 2211.7mm^2$，由计算结构查得剪力墙轴向力设计值为 $N = 4577.2kN$，与之相应的剪力墙底部剪力设计值为 $V = 347.5kN$。

根据《装配式混凝土结构技术规程》JGJ 1—2014 中第 8.3.7 条，剪力墙水平接缝的受剪承载力设计值：

$$V_{uE} = 0.6f_y A_{sd} + 0.8N$$
$$= 0.6 \times 360 \times 2211.7/10^3 + 0.8 \times 4577.2$$
$$= 4139.5\text{kN} \geqslant 347.5\text{kN}$$

满足要求。

3.4 电气专业施工图审查要点

3.4.1 设计总说明

设计总说明主要审查以下内容：（1）采用装配式建筑技术的选项及技术措施是否合理；（2）采用管线分离时，是否说明电气管线采用的材料和形式；（3）采用内隔墙与电气管线、装修一体化时，是否说明其设置位置及做法；（4）电气设备安装方式及管线敷设方式是否交代清楚；（5）设备管线在预制构件或装饰墙体内的部位是否交代清楚，做法是否合理，是否满足装配式建筑评价标准的要求；（6）孔洞沟槽的做法要求、预留方式及防水、防火、隔声、保温措施是否合理，是否满足装配式建筑评价标准的要求；（7）集成式厨房、集成式卫生间墙面和吊顶的电气设备选型、安装方式、管线敷设方式及接口方式是否合理；（8）预制构件中防雷装置连接要求是否说明，是否满足规范要求。

3.4.2 电气设计图纸

电气设计图纸主要审查以下内容：（1）电气设备、管线、电气管井是否绘制完整，布置是否合理；（2）预制构件内的电气预埋箱、盒、出线口、连接管、孔洞、沟槽、管线及预埋件等是否注明并准确定位；（3）预制构件内与构件外导管连接大样是否绘制，是否预留现场施工条件；复杂的安装节点是否绘制有剖面图及节点详图；（4）管线交叉较多的部位是否绘制有管线综合图；（5）采用预制结构柱内钢筋作为防雷引下线时，是否绘制有预制结构柱内防雷引下线间连接大样，是否标注所采用防雷引下线钢筋、连接件规格以及详细做法。

3.5 给水排水专业施工图审查要点

3.5.1 设计总说明

设计总说明审查以下内容：（1）是否明确了集成或整体卫生间、集成厨房设置位置，是否说明集成卫生间、集成厨房的墙面、地面和吊顶做法，卫生间采用的排水形式（不降板、降板或架空楼板等）是否与设计一致；（2）是否说明给水排水管井布置、管线与结构分离情况及相关要求，说明给水排水干管和支管沿墙体、吊顶或楼地面架空层的敷设方式；（3）采用内隔墙与给水排水管线、装修一体化时，是否说明其设置位置及做法；（4）管道穿预制构件预留孔洞、沟槽、预埋管线等设计原则是否正确；（5）当消火栓箱等设施暗装或半暗装在预制构件上时，是否说明其位置分布和做法。

3.5.2 给水排水设计图纸

设计图纸主要审查以下内容：（1）装配式建筑给水排水各层平面图是否包括不同图例绘制的现浇结构及预制结构、预制围护墙和内隔墙、与管线（装修）一体化的预制内隔墙、砌筑围护墙和内隔墙、集成（整体）卫生间、集成厨房等；（2）管道穿预制构件时是否绘制预留孔洞、预埋套管、沟槽、暗装或半暗装消火栓箱等留洞，是否标注其规格或尺寸大小、标高、定位尺寸等；（3）是否标注在预制构件中预埋的管道；（4）是否绘制集成或整体卫生间、集成厨房位置，降板范围、结构标高、完成面标高及给水排水管道、接口是否合理；（5）当平面图无法表示清楚时，系统图是否标明预制部品中预埋的管道；（6）在预制构件详图中是否绘制预制构件预留孔洞、预埋套管、沟槽，标注其规格或尺寸大小、标高、定位尺寸等；（7）复杂的安装节点是否有剖面图及节点详图。

3.6 暖通专业施工图审查要点

3.6.1 设计总说明

设计总说明主要审查以下内容：（1）管线和结构分离说明是否满足装配式建筑评价标准的要求；（2）设备管道、管件及附件在部品部件中预留的做法是否合理，是否满足相关标准的要求；（3）孔洞沟槽的做法要求、预留方式及防水、防火、隔声、保温措施是否合理，是否满足相关标准的要求。

3.6.2 暖通设计图纸

设计图纸主要审查以下内容：（1）通风、空调设备设施布置是否完整合理；（2）在预制构件（包含预制墙、梁、楼板）上预留孔洞、沟槽、预埋件、套管是否标注清晰的定位尺寸、标高及大小。

第4章 装配式建筑设计注意事项及常见问题

本章对装配式混凝土建筑设计中常见性、普遍性问题进行总结梳理，提出了设计注意事项及相关防治措施，旨在帮助项目在设计过程中避免同类问题的发生。本章主要分为前期技术策划要点、建筑专业设计常见问题、结构专业设计常见问题、设备专业设计常见问题。

4.1 前期技术策划要点

1. 不同产品定位的影响

装配式建筑目前的建安费用相比传统的现浇建筑成本会有增加，因此在进行产品定位的时候需考虑装配式建筑的相关成本增量因素。主要考虑经济性与功能性主导因素。

1）经济性主导

产品基于成本控制考虑，采用标准化户型，模数化、规模化设计，做到户型类型少、塔楼重复率高、立面线条简洁等，以装配式建筑的"标准化"为中心指导进行项目定位。代表性的产品多为保障房、租赁房、限价房、长租公寓等，此类产品相对个性化产品建安成本增量较低。

2）功能性主导

整体产品基于市场导向，个性化特色住宅，户型类型较多、立面线条繁琐等，后期设计预制构件类型较多，生产安装难度系数较高。以功能性和个性化为产品主导，受部分中高端市场青睐。代表性的产品多为洋房、别墅、特色小镇等，此类产品相对标准化产品建安成本增量较高。

2. 建筑平面规则性影响

装配式建筑平面形状宜简单、规则、对称，形状优选以方形和矩形为主（图4.1-1）。在方案设计阶段，建筑布置应尽量满足结构构件尺寸标准化，如柱网尺寸、梁宽、板净跨等。建筑应采用大开间、大进深、空间灵活可变的布置方式；平面布置应规则，承重构件布置应上下对齐贯通，外墙洞口宜规整有序。

对于形体复杂的建筑，原则上不推荐采用装配式技术建造，因为不规则的建筑会产生大量非标准构件，且在地震作用下内力分布比较复杂。尤其是建筑立面造型复杂且不规则，凹凸较多，有着较大外探的悬挑构件，此类建筑若强行采用预制方式，可能会导致以下结果：（1）构件差异性大，模具不通用，构件成本高；（2）造型复杂，三维异形构件

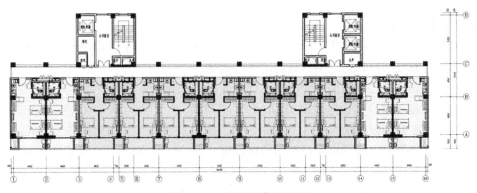

图 4.1-1　规则的建筑平面

多，不易生产和脱模；（3）连接节点和安装节点比较复杂，施工困难。

3. 结构体系影响

不同的结构选型适用于不同的建筑高度和使用功能，装配式建筑包括的结构类型很多，包括剪力墙结构、框架结构、钢结构、木结构、混合结构等（图 4.1-2～图 4.1-5）。应结合建设目标及建筑功能等要求，选用合理的结构形式。同时，装配式建筑所采用的结构体系要根据其最大高度和抗震设防烈度选择，使之符合规范要求。

图 4.1-2　装配整体式框架结构

图 4.1-3　装配整体式钢结构

图 4.1-4　装配整体式组合结构

图 4.1-5　装配整体式木结构

4. 层高的影响

目前大部地区的装配式住宅没有统一的层高要求，以至于工厂在定制生产的过程中，需要制造不同型号的模具，达不到更高的生产效率。

建筑的层高是通过预制构件经济性设计及连接技术要求计算得出。计算中，住宅地面做法取 50mm 厚，叠合楼板厚度取 130mm 厚（其中：预制层 60mm，现浇层 70mm），出于经济性考虑，窗高取标准尺寸 1500mm，为了减少扶手安装，窗台高取 900mm，预制构件结构要求预制剪力墙门窗洞口顶部连接厚度 300mm，预制剪力墙灌浆缝 20mm，即：

$$50 + 130 + 300 + 1500 + 900 + 20 = 2900mm$$

为推进住宅部品（构件）的标准化和通用化，实现部品（构件）的工业化、标准化生产，同时降低生产成本，装配式住宅建筑层高宜为 2.9m。江苏省《住宅设计标准》DB321 3920—2020 规定不小于 2.8m，不大于 3m，如果考虑装配化装修，层高建议取 3m。

5. 构件生产条件影响

构件厂模台的尺寸是构件拆分的重要限制条件之一，常用的预制构件的制作方式一般分为全自动生产线（图 4.1-6）、半自动生产线（图 4.1-7）以及固定模台（图 4.1-8）三种。

图 4.1-6 全自动生产线

1）全自动生产线

全自动生产线，是指在工业生产中依靠各种机械设备，并充分利用能源和信息手段完成工业化生产，达到提高生产效率、减少生产人员数量，使工厂实现有序管理。与传统混凝土加工工艺相比，全自动预制构件生产线具有工艺设备水平高、全程自动控制、操作工人少、人为因素引起的误差小、加工效率高、后续扩展性强等优点。

全自动生产线的工作步骤大体是，在生产线上，通过计算机中央控制中心，按工艺要求依次设置若干操作工位，托盘自身装有行走轮或借助辊道的传送，在生产线行走过程中完成各道工序，然后将已成型的构件连同底模托盘送进养护窑，直至脱模，实现设备全自动对接。常用流水线模台尺寸为 3.5m×9m，该模台能生产的最大预制构件尺寸为 3.2m×8.5m，受养护窑单层高度限制，构件的最大厚度为 0.4m。国内流水线基本都采用这个尺寸，因为模台越长，流水作业的节拍越慢；模台越宽，厂房跨度就要越大。因此，通过加大模台尺寸来提高模台利用率并没有明显的优势。

2）半自动生产线

半自动化流水线包括混凝土成型设备，但不包括全自动钢筋加工设备。半自动化流水线实现了图样输入、模板清理、划线、组模、脱模剂喷涂、混凝土浇筑、振捣等自动化，钢筋加工和入模仍然需要人工作业。

图 4.1-7　半自动生产线

3）固定模台

固定模台指加工对象位置固定，如特制的地坪、台座等，而操作人员按不同工种依次在各个工位上操作的生产工艺。固定模台也被称为平模工艺。固定模台工艺的设计主要是根据生产规模，在车间里布置一定数量的固定模台，放置钢筋与预埋件、浇筑振捣混凝土、养护构件和拆模都在固定模台上进行。模具是固定不动的，作业人员和钢筋、混凝土等材料在各个模台间流动。

常用的固定模台尺寸为 4m×12m，该模台能生产的最大预制构件尺寸为 3.7m×11.5m，由于是在固定模台上进行自然养护，所以高度方向没有限制。预制楼板和预制墙板可以在流水线上生产，异形构件如楼梯、阳台板等要在固定模台上生产。由于三维的异形构件在制作和运输上都较为困难，且模具成本也较高，因此，建议设计平面二维构件，该类构件容易制作，便于运输和安装，能够节约成本。

图 4.1-8　固定模台

6. 模具周转次数影响

预制构件的模具（图 4.1-9）主要用于预制混凝土构件的成型，是构件生产的主要要素之一。模具设计应在保证质量和构件外形尺寸的前提下，安装定位精确，拆卸方便，同时考虑模具设计的标准化、系列化、通用化等。

模具费用是装配式构件成本中占比较大的一个分项，大约占 10%，预制构件按平均 3000 元/m³ 计算，模具费用约 300 元/m³。理论上，一个钢制模具可周转使用约 200 次，

图 4.1-9　预制构件模具

若模具周转次数少于 50 次，模具成本会大幅度增加。因此，模具的重复使用率越高，模具摊销费用越低。

7. 构件运输距离影响

构件运输距离越长，成本越高。构件厂与项目建设地点的距离是装配式建筑可行性分析的一个先决条件。合理运距的测算是以运输费用占构件销售价格的比例为参考依据，调研国内构件厂情况和近几年的实际运输费用得出，运费占构件销售价格的 10% 左右较为合理，超过此范围则普遍认为不可接受。以某实际工程项目为例（图 4.1-10），运输距离由近及远选取 4 档距离作为参比对象，相应的运费也会有所增长，见表 4.1-1。

图 4.1-10　预制构件运输

预制构件运费与距离分析表　　　　　　　　　　　　　　　　表 4.1-1

项目	近运距	中距离	较远距离	远距离	超远距离
运输距离(km)	30	60	60	120	150
运费(元/车)	1100	1500	1900	2300	2650
运费[元/(车·km)]	36.7	25.0	21.1	19.2	17.7
平均运量(m^3/车)	9.5	9.5	9.5	9.5	9.5
平均运费(元/m^3)	116	158	200	242	252
水平预制构件市场价格(元/m^3)	3000	3000	3000	3000	3000
运费占比	3.87	5.27	6.67	8.07	8.40

从预制构件厂到预制构件使用工地的距离并不是直线距离，况且运输构件的车辆为大

型运输车辆，因交通限行超宽超高等原因经常需要绕行，所以实际运输线路更长。

根据预制构件运输经验，实际运输距离平均值比直线距离长 20%，因此将构件合理运输半径确定为合理运输距离的 80% 较为合理。因此，以运费占销售额 8% 估算合理运输半径约为 100km。

合理运输半径为 100km 意味着，以项目建设地点为中心，以 100km 为半径的区域内的生产企业，其运输距离基本可以控制在 120km 以内，从经济性和节能环保的角度，处于合理范围。

预制构件的尺寸还受到车辆自身条件的限制和道路运输管理规定的限制，根据《超限运输车辆行驶公路管理规定》，正常运输限制高度为车货总高度从地面起算不超过 4m，车货宽度不超过 2.55m，车货总长度不超过 18.1m。作为水平放置运输的叠合楼板，正常运输条件下单块叠合楼板宽度应不大于 2.55m；作为竖向运输的墙板，因轮子加运输底板最小高度为 0.9m，正常运输条件下预制墙的高度方向不应大于 3.1m。

8. 构件重量限制影响

施工过程中对构件重量限定的问题，一直以来是多方均较为关注的问题，尤其是吊装过程更为关注。众所周知，重量小的构件便于运输及吊装，但加工及安装效率低下；重量大的构件需要吊装能力较高的设备及更精准的安装工艺，但构件加工及安装效率更高。因此根据项目特点及场地特点合理确定构件吊装重量十分重要。对于高层建筑中的预制构件，在现场施工条件许可、经济指标适宜的情况下，宜优先选用较大尺寸规格的构件序列。实际工程中，应重点关注山墙、单元分隔墙、楼梯间外墙等处，这些区域由于平面尺寸原因，构件可能尺寸较大，也可能位于塔式起重机远端，需要重点关注。

塔式起重机的安装位置和选型需要根据构件的重量和分布进行详细的计算，结合某工程案例进行具体说明：

（1）构件重量及分布分析。在构件安装图上标出每个构件的重量和安装位置，重点关注最重的构件和最远的构件。以某项目为例，图 4.1-11 为某公寓平面图。对比墙板、楼板、阳台板、楼梯等的重量发现，最重的构件是墙板，重量为 5.75t，同时，最远的构件也是该墙板，位于建筑的四个角部。

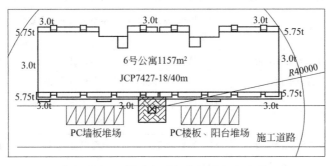

图 4.1-11　塔式起重机位置确定和选型

（2）塔式起重机位置设置。由图 4.1-11 可知，该建筑平面为扁平长方形，且构件呈左右对称分布，施工道路位于建筑物下方。因此，可将塔式起重机位置设置在建筑物下方的中心处。

（3）计算总重量。总重量指塔式起重机吊钩下的总重量，是构件、吊具、吊索、吊扣的重量之和。墙板重 5.75t，吊具、吊索、吊扣等部件重量之和为 0.8t，则最大总重量为 5.75＋0.8＝6.55t，距离为 40m。

（4）臂长选择。综合考虑其他材料、工具的吊运范围，选择塔式起重机臂长。如图 4.1-11 所示，塔式起重机臂长选择 40m 较为合理，可满足钢筋、模板等的吊运。

9. 装配化装修的差异化需求

目前装配化装修技术仍属于发展起步阶段，由于市场上产品供应存在产品价格偏高，供应短缺问题，导致装修综合单价高于传统装修施工。同时，工人对装配式施工技术普遍掌握程度不高，存在工种稀缺和人工成本难以控制问题。预算成本的增加也直接导致在装配化装修与传统装修之间的选择时更加偏向于后者。在前期技术策划阶段应结合产品的定位制定差异化菜单式的装配化装修部品部件清单，具体可参考表 4.1-2。

装配式装修分级配置标准　　　　　　　　　　　　　　　　　　　　　　　表 4.1-2

价格等级		D_1	D_2	D_3	D_4
可售单方(元/m²)		$700 \leq D_1 < 900$	$900 \leq D_2 < 1200$	$1200 \leq D_3 < 1500$	$D_4 \geq 1500$
玄关	地面	传统做法/锁扣地板	架空模块+硅酸钙复合地板	架空模块+实木复合地板	架空模块+大理石
	墙面	硅酸钙复合墙板	硅酸钙复合墙板	硅酸钙复合墙板	硅酸钙复合墙板
	顶面	石膏板吊顶/涂料	石膏板吊顶/涂料	石膏板吊顶/涂料	石膏板吊顶/涂料
客餐厅	地面	传统做法/锁扣地板	架空模块+硅酸钙复合地板	架空模块+实木复合地板	架空模块+大理石
	墙面	硅酸钙复合墙板	硅酸钙复合墙板	硅酸钙复合墙板	硅酸钙复合墙板
	顶面	石膏板吊顶/涂料	石膏板吊顶/涂料	石膏板吊顶/涂料	石膏板吊顶/涂料
主卧室	地面	传统做法	架空模块+硅酸钙复合地板	架空模块+实木复合地板	架空模块+实木复合地板
	墙面	硅酸钙复合墙板	硅酸钙复合墙板	硅酸钙复合墙板	硅酸钙复合墙板
	顶面	石膏板吊顶/涂料	石膏板吊顶/涂料	石膏板吊顶/涂料	石膏板吊顶/涂料
次卧室	地面	传统做法	架空模块+硅酸钙复合地板	架空模块+实木复合地板	架空模块+实木复合地板
	墙面	硅酸钙复合墙板	硅酸钙复合墙板	硅酸钙复合墙板	硅酸钙复合墙板
	顶面	石膏板吊顶/涂料	石膏板吊顶/涂料	石膏板吊顶/涂料	石膏板吊顶/涂料
厨房	地面	传统做法	架空模块+硅酸钙复合地板	架空模块+硅酸钙复合地板	架空模块+大理石
	墙面	硅酸钙复合墙板	硅酸钙复合墙板	硅酸钙复合墙板	硅酸钙复合墙板
	顶面	铝扣板/复合硅酸钙顶板	铝扣板/复合硅酸钙顶板	铝扣板/复合硅酸钙顶板	铝扣板/复合硅酸钙顶板
	厨电	一般家电	品牌家电	品牌家电	品牌家电
	厨盆及龙头	一般五金	品牌五金	品牌五金	品牌五金
	橱柜	品牌橱柜	品牌橱柜	品牌橱柜	品牌橱柜

续表

价格等级		D_1	D_2	D_3	D_4
卫生间	地面	架空模块+淋浴底盘+地砖	架空模块+淋浴底盘+地砖	架空模块+淋浴底盘+大理石	架空模块+淋浴底盘+大理石
	墙面	硅酸钙复合墙板	硅酸钙复合墙板	硅酸钙复合墙板	硅酸钙复合墙板
	顶面	铝扣板/复合硅酸钙顶板	铝扣板/复合硅酸钙顶板	铝扣板/复合硅酸钙顶板	铝扣板/复合硅酸钙顶板
	洁具及大五金	一般五金	品牌五金	品牌五金	品牌五金
生活阳台	地面	地砖	地砖	地砖	地砖
	墙面	涂料	涂料	涂料	涂料
	顶面	涂料	涂料	涂料	涂料
木作系统	室内门	硅酸钙复合门	硅酸钙复合门	硅酸钙复合门	和能自制门窗系统(或升级为品牌门)
	厨房橱柜	和能品牌橱柜	和能品牌橱柜	知名品牌橱柜	知名品牌橱柜

4.2　建筑专业设计常见问题

1. 户型标准化或预制构件标准化程度较低

【原因分析】

建筑方案前期未考虑装配式建筑特点，户型设计或立面设计过于复杂。对标准化设计和成本控制考虑不足，户型和预制构件种类过多，从而影响建造工期，加大项目管理难度，增加建造成本。

【防治措施】

项目方案阶段应考虑装配式建筑设计；减少户型和预制构件种类，做到"少规格、多组合"；重视标准化设计理念，单个项目数量少于 50 个的预制构件需慎重选择。

2. 预制构件类型选择不合理，未综合考虑后期安装工艺

【原因分析】

缺乏标准化设计概念，装配式建筑方案设计时预制构件选型不合理；预制构件的选择仅考虑满足相关政策及文件的要求，缺乏系统性；不了解预制构件生产及安装工艺，构造节点设计不合理。造成土建成本增量加大，预制构件现场安装困难，未达到装配式建筑预期，甚至可能影响结构安全或建筑性能。

【防治措施】

重视标准化设计，选择合适的预制构件类型；预制构件方案选择应"重体系、轻构件"，应选择合适的预制部位；构造节点设计应满足规范和概念设计要求，便于生产和施工。

3. 总平面布置时装配式建筑楼栋分散导致费用增加

【原因分析】

总平面布置时若未考虑装配式应用，导致装配式建筑楼栋分散，容易造成相同产品场内堆场分布较散，对施工塔式起重机布置、临时运输道路布置、吊装场地等均有更高的要求，直接导致措施费用增加。

【防治措施】

在进行建筑总平面设计时，应注意以下几个方面：（1）总平面充分考虑构件堆场、塔式起重机布局、构件运输条件等因素布局，如图 4.2-1 和图 4.2-2 所示；（2）综合考虑各作业同时施工，保证错车运输，尽量避免卸货车与混凝土罐车同时作业；（3）现场道路通长设置，避免掉头，卸货点首先需考虑塔式起重机吊装能力及施工效率。

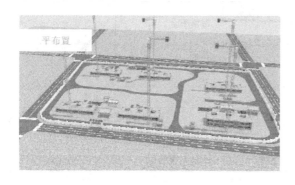

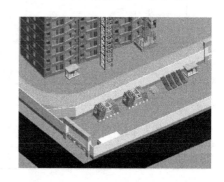

图 4.2-1　塔式起重机布置图　　　　　图 4.2-2　预制构件堆场布局示意图

4. 功能房间组合后的建筑户型出现墙体错位及较多主次梁交叉搭接

【原因分析】

建筑师为了满足使用空间的要求往往各自用墙板进行分割围合形成房间，导致平面户型出现功能房间组合后的墙体错位不规整连接和主次梁交叉搭接等情形较多，如图 4.2-3、图 4.2-4 所示。

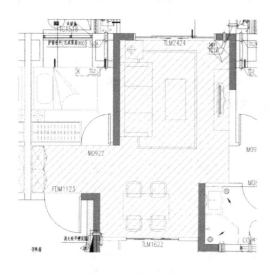
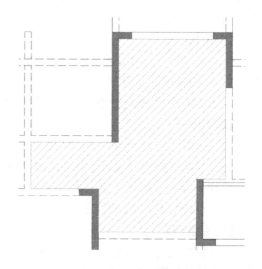

图 4.2-3　建筑平面图　　　　　　　　图 4.2-4　结构平面图

装配式建筑的叠合楼板是在墙肢和结构梁模板组装加固后吊装安放在墙模和梁边进行支承的，建筑平面若过多出现墙体错位连接和主次梁搭接，墙柱、墙梁连接节点需要采用现浇连接方式可保证结构安全，而导致楼板被拆分得很零散，楼板形状不规整且尺寸规格众多，进而导致楼板模具数量增多，模具成本明显上升。

【防治措施】

调整建筑平面各房间，尽量使得房间开间、进深满足模数要求，使得建筑平面的主轴线上的墙体可以基本对齐，若开间尺寸模数能够实现归化整合，则可以使得构件尺寸规格数量明显减少。

5. 建筑立面凸线条导致预制构件生产困难

【原因分析】

在进行建筑外立面设计时，建筑设计师为了避免建筑立面过于单调，通常会在一定高度设置突出建筑外立面线条，用来凸显建筑外立面凹凸变化，以增添外立面的展示效果，如图 4.2-5 所示。为了实现设计时的外线条，就需要制作带外凸线条的预制构件。目前，国内大部门预制构件厂采用的是平模生产工艺，预制构件是平铺在钢台车上进行生产制作的，这就决定了钢台车不可能为了实现预制外墙的凸线条在台车面上抠洞。

图 4.2-5　带凸线条预制构件

【防治措施】

预制建筑设计时，建议采用凹线条替代凸线条的表达方式，在标准层线条尽量保持一致，或其线条变化有规律，有明显的重复率，从而达到更经济合理又美观的效果，如图 4.2-6 所示。对于有局部突出的线条，可采用 GRC 等材料后期贴筑，如图 4.2-7 所示。

图 4.2-6　带有凹线条的预制构件

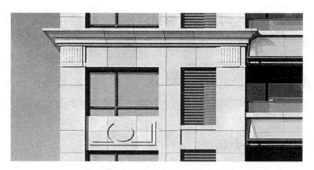

图 4.2-7 凸线条采用 GRC 预制构件连接

6. 建筑平面小尺寸凹凸设计导致窗口两侧墙肢过短

【原因分析】

为了使建筑立面不显得单调，往往在进行单体平面设计时在相邻开间做出小尺寸凹凸设计，尺寸往往仅有 700～800mm，如图 4.2-8 所示。由于考虑到预制构件的成型率，要求构件最小宽度不应小于 200mm 方能顺利脱模而不发生构件断裂（图 4.2-9），根据《装配式混凝土结构技术规程》JGJ 1—2014 规定，"洞口两侧的墙肢宽度不应小于 200mm"，因此凹凸处扣除洞口两侧的墙肢宽度后仅剩 800－200×2＝400mm，如果进一步再扣除用于现浇连接的接头长度，洞口尺寸将所剩无几，将影响此窗户的正常使用。

图 4.2-8 平面图

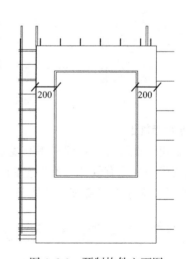

图 4.2-9 预制构件立面图

【防治措施】

调整建筑平面凹凸变化处的尺寸，使得墙肢长度不宜小于 1200mm，墙肢在扣除现浇连接接头长度，保留窗洞口两侧各 200mm 最小墙肢宽度后，还有 800mm 左右可以安装窗扇，满足窗户的采光和正常使用尺寸要求。

7. 采用大开间横厅设计导致预制构件尺寸过大

【问题分析】

当餐厅和客厅沿横向墙布置在一起时，中间无隔墙布置承重剪力墙，导致该处非承重外墙很长（图 4.2-10），该部分外墙带梁预制拆分为一个构件时，长度过长，运输和吊装均比较困难。横厅户型设计导致客厅楼板宽度及跨度都较大（图 4.2-11），叠合板拆分时跨度尺寸较大，大尺寸预制底板易造成工厂脱模开裂，风险较大，同时造成现场吊装困难。

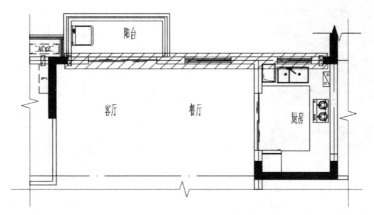

图 4.2-10　横厅布置平面

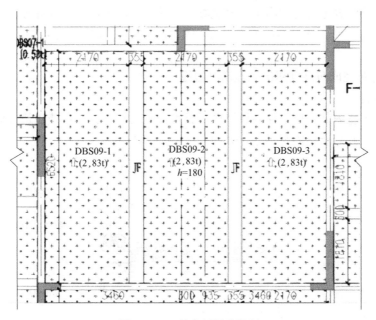

图 4.2-11　叠合板拆分情况

【防治措施】

方案阶段尽量不采用横厅设计或对横厅尺寸进行优化。预制底板增设合理吊点，工厂采用专用吊具，控制好脱模强度。施工现场根据预制底板重量采用满足吊重的塔式起重机及专用吊具进行吊装。

8. 建筑外墙与建筑楼层标高未协调统一影响室内装修及居住体验

【原因分析】

预制外墙设计与建筑立面设计没有进行协同设计，墙板拆分未考虑多重因素的综合影响，造成建筑外墙与建筑楼层标高未协调统一（图 4.2-12、图 4.2-13），影响室内装修及居住体验。

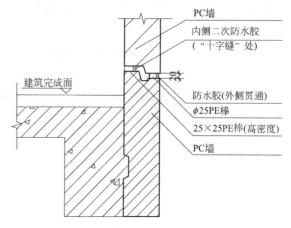

图 4.2-12　窗户被钢梁分成上下两部分　　　　图 4.2-13　墙板接缝标高与楼面标高不一致

【防治措施】

墙板拆分要综合考虑各种因素，避免顾此失彼。一般来说，墙板拆分时应使墙板的高度与结构的层高一致、窗户尽可能设置在一块墙板内、并使窗户尽可能靠近墙板中间的位置。

9. 室内建筑完成面高度超出预埋窗框边缘

【原因分析】

设计未考虑室内装饰层或保温层厚度对预埋窗框的影响。窗台处建筑完成面高出预埋窗框，窗户无法开启或室内观感差，如图 4.2-14 所示。

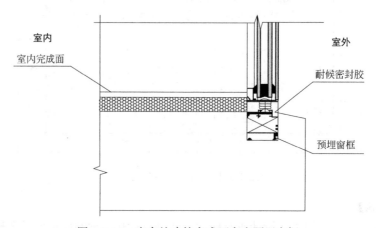

图 4.2-14　窗台处建筑完成面高出预埋窗框

【防治措施】

节点设计应考虑建筑完成面对预制构件细部尺寸的影响。设计应考虑室内装饰层、保温层厚度对预埋窗框的影响，避免窗台处建筑完成面高出预埋窗框，如图 4.2-15 所示。

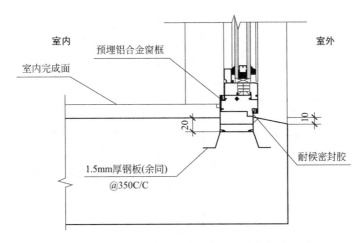

图 4.2-15　窗台处建筑完成面与预埋窗框标高一致

10. 叠合阳台板、空调板降板处理导致叠合楼板与下沉式支撑端墙板出现拼接空隙

【原因分析】

阳台板、空调板等构件往往带水使用，为了保证室内干燥和减少渗漏影响，传统现浇施工工艺往往将阳台板、空调板设计为结构高度比室内结构面低 50mm。在装配式建筑设计时，当室内楼板和空调板、阳台板均采用预制叠合板时，由于室外阳台板、空调板的板底低于室内楼板板底，则作为支撑端的预制外墙板往往需要局部做成下沉造型，以满足室外空调板、叠合板的安装要求，从而导致室内叠合楼板与支撑端预制墙板局部存在 20～30mm 的拼接空隙，如图 4.2-16 所示。一旦叠合楼板端部拼接空隙没有封堵到位，混凝土浇筑过程中会出现漏浆问题，导致主体结构成型有质量缺陷。

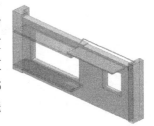

图 4.2-16　空调板三维视图

【防治措施】

由于阳台板、空调板的电气预埋管线比较少，可以充分利用这个设计特点，适当将现浇层厚度调整为 50mm，预制叠合阳台板、空调板的总厚度为 60＋50＝110mm，室内叠合楼板 60＋80＝140mm，形成板面结构层高差 30mm。由于室外预制叠合阳台板、空调板与室内叠合楼板板底可以保持同一标高，则作为支承端的预制墙板不需要局部设计安装缺口，同时可以避免混凝土浇筑时在板底与墙顶之间的缝隙形成的渗漏。

11. 预制外墙板接缝构造设计不当导致发生渗漏

【原因分析】

预制混凝土外墙水平接缝设置为平缝，未设置止水企口，在密封材料老化开裂后极容易发生渗漏或在接缝部位未设置导水管及时将板缝中积水排走，导致外墙接缝部位发生渗漏，如图 4.2-17 所示。

【防治措施】

预制混凝土外墙之间的水平缝和垂直缝，是在拼接过程中自然形成的。预制外墙板之间水平缝的构造宜采用高低缝或者企口缝构造，预制外挂墙板之间水平缝和竖向缝的防水

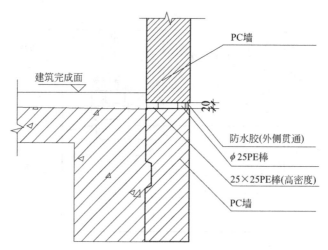

图 4.2-17　预制混凝土外墙水平接缝未设置企口

宜采用空腔构造防水和材料防水相结合的方法，防水空腔应设置必要的排水措施，如图 4.2-18 所示。

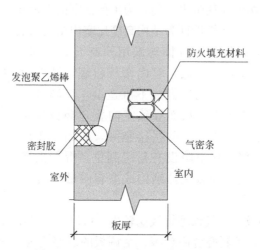

图 4.2-18　水平缝企口两道防水构造

12. 预制外墙板接缝未设计排水导管

【原因分析】

建筑进行外墙板设计时设计只考虑了采用密封材料封堵墙板之间的缝隙，未考虑分层排水问题，出现高压力水情况导致墙体渗漏。

【防治措施】

导水管宜设置在十字缝上部的垂直缝中，竖向间距不宜超过 3 层，当垂直缝下方因门窗等开口部位被隔断时，应在开口部位上方垂直缝处设置导水管等排水措施，如图 4.2-19 所示。

13. 厨房、卫生间降板影响室内净空和施工质量

【原因分析】

建筑设计时，考虑到房间日常使用是否带水的问题，往往将带水房间的地面设计成低

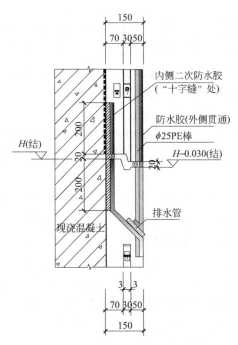

图 4.2-19　预制外墙板排水导管

于室内房间地面,厨房一般设计成结构标高比周边房间低 20～30mm,卫生间如果是安装蹲便器往往设计成结构标高比周边房间低 250～350mm。

根据《装配式混凝土结构技术规程》JGJ 1—2014,预制叠合楼板叠合层厚度不宜低于 60mm,后浇层厚度不应小于 60mm。以厨房的结构楼板为参照,楼板整体厚度为 120mm,如果周边房间楼板结构层比厨房楼板厚 30mm,则房间的结构楼板厚度要做到 150mm,实际并不经济;如果周边房间的楼板结构层比厨房楼板厚 20mm,要实现板面标高高差 30mm,则需要将两块相邻的楼板板底标高错开 10mm(图 4.2-20),那么就会导致板底标高抬高的叠合楼板与下方支撑端的墙顶或者梁面出现 10mm 高差,混凝土浇筑时不用模板封堵严密将出现漏浆问题,影响结构成型质量,且后期施工需要进行修补打磨。

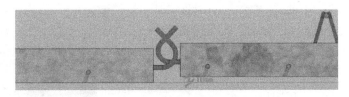

图 4.2-20　叠合楼板板底高差

卫生间沉箱降板区比周边房间低 350mm,加上沉箱底板 100mm,总厚度 450mm,往往需要在降板区域周边设置边梁,因此在进行施工图设计时若没有充分考虑好卫生间边梁的搭接关系,容易出现边梁与周边结构梁搭接后,边梁梁底比结构梁底低的情况,或者结构梁为了满足次梁端部搭接构造要求,需要增加梁断面高度至 550～600mm,进而影响室内净空高度。

【防治措施】

预制装配式建筑拆分设计时，厨房一般设计成结构标高比周边房间低 20mm 是比较恰当的，因为厨房楼板预埋管线少，整体厚度做成 120mm，周边房间的楼板厚度有强弱电套管预留预埋的空间要求，整体厚度设计成 140mm，两者的板厚差值刚好为 20mm，且可以保证相邻的楼板板底是平整的，不会有板底高差造成的支模和混凝土浇筑的问题。卫生间的降板设计，需要根据卫生间湿区范围，考虑长边方向的梁的支撑问题，宜在两端设置一段墙肢，可合理控制卫生间周边边梁的截面高度，且可以有效实现梁底的结构锚固。

14. 阳台落地窗为最大程度地获得采光面积造成两侧墙肢有限长度过小

【原因分析】

为了获得良好的采光、开阔视野，增加户内活动空间，设计师往往将客厅与室外阳台之间设计一道落地门窗作为分隔室内外的分界线。从平面上看，落地窗两侧的墙肢越短，意味着落地窗面积越大、采光越好，为了门窗安装固定需要保留满足最小长度要求的墙肢，如图 4.2-21 所示。当采用预制装配式建筑时，考虑到构件的成型和完整性，通常要求门窗洞口的墙肢有效长度不应小于 200mm，而且是墙肢有一定长度才不至于构件过于单薄，在脱模或者运输、安装过程中出现断裂。

图 4.2-21　落地窗预制构件

【防治措施】

为了满足预制构件制作要求，同时兼顾考虑建筑采购需要，通常"门"字形构件采用一体成型时门洞两侧墙肢不宜小于 400mm，同时需要在构件的两个阴角和下部开口部位采取工装模具加固处理。如果不采用一体成型，则可以考虑仅预制窗洞梁，现浇两侧墙肢的方式来实现。

15. 一体化成型预制飘窗构件施工复杂，成本较高

【原因分析】

飘窗在窗洞的上下各有一块板挑出外墙平面，且两块板均未处于楼板标高处，而是悬于楼层标高的中间高度。当预制装配式建筑外墙构件设计成带飘窗构件时，则会对预制构件流水线平模生产带来较大的挑战，如图 4.2-22、图 4.2-23 所示。

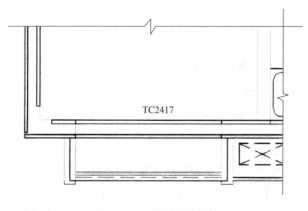

图 4.2-22　飘窗平面图

图 4.2-23　飘窗预制构件

【防治措施】

预制飘窗墙板构件需要采用地台模的方式方可一次制作成型，且由于构件的两块挑板导致平面构件变为了立体构件，往往需要制作复杂笨重的立体模具用于构件的制作生产，或者将构件边缘部位向外延伸使之形成带支撑的四面围合构件，这往往导致预制构件模具成本较高，构件体积较大，进而导致构件成本居高不下。如果要进一步降低成本，则需要充分运用"复杂问题简单化"的解决思路，将带飘窗构件拆分为多个平面构件，采用二次湿式连接的方式将多个平面预制构件进行组成，最终实现带飘窗构件的成型。

16. 内隔墙墙体技术选择不匹配，未实现薄抹灰或免抹灰

【原因分析】

装配式建筑内隔墙要求采用工厂预制工艺，常采用 ALC（图 4.2-24）、陶粒混凝土条板等技术工厂化生产，成型精度高、观感效果好，可实现薄抹灰或者免抹灰；但传统的木模剪力墙、砌体墙等技术成型精度较差，需按传统厚度抹灰。当同一面墙采用两种及以上不同成型精度的墙体技术时，需按成型精度差的技术进行抹灰，无法实现现场资源的节约。

【防治措施】

同一面墙体采用成型精度一致的技术做法，内隔墙采用工厂预制，非预制部分采用高精度模板施工工艺（如铝模）。

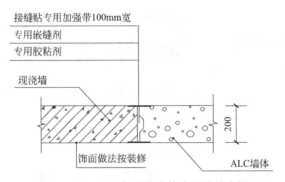

图 4.2-24　ALC 与现浇墙体水平连接大样

17. 预制挑板下檐未设计截水措施

【原因分析】

设计深化考虑不足或设计疏漏。雨水沿挑板下表面流到外墙面，污染墙面、门窗或渗入室内，如图 4.2-25 所示。

【防治措施】

《建筑外墙防水工程技术规程》JGJ/T 235—2011 第 5.1.2 条规定，建筑外墙节点构造防水设计应包括门窗洞口、雨篷、阳台、变形缝、伸出外墙管道、女儿墙压顶、外墙预埋件、预制构件等交接部位的防水设防。预制挑板下檐应设计滴水线或鹰嘴，如图 4.2-26 所示。

18. 镜像预制构件未区别编号造成构件生产错误无法安装

【原因分析】

未考虑镜像预制构件间的差异，采用相同编号。预制构件生产为同一个构件，后期无

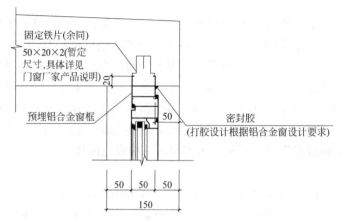

图 4.2-25　预制挑板下檐未表达截水措施

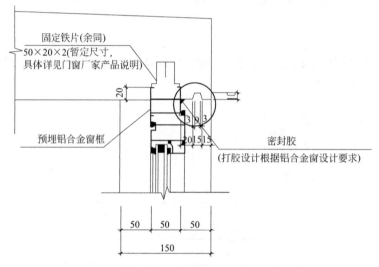

图 4.2-26　预制挑板下檐明确表达了截水措施做法

法安装，费工费时。

【防治措施】

镜像预制构件设计时，宜保证预制构件中心线对称，减少因镜像而产生的非标准化；不同预制构件，包括镜像、预埋点位不同的构件，均应区分编号；预制构件上的窗框应标注窗框型号（包括窗框的镜像关系），与生产单位交底到位，明确相似构件、镜像构件的区别，如图 4.2-27 所示。

19. 住宅建筑方案设计尺寸或形式不合理导致预制构件拆分困难

【原因分析】

建筑方案按照传统的现浇结构思维进行设计，未考虑后期预制构件的拆分，导致预制构件难以实施。

【防治措施】

预制构件形式宜简洁，以利于控制成本，重点关注以下几点：

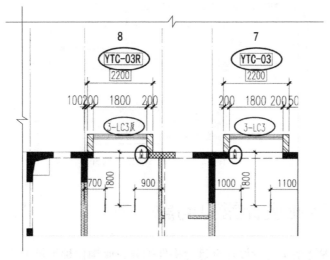

图 4.2-27　不同预制构件（镜像、预埋点位不同等情况）均应区分编号

（1）转角墙、窗间墙长度是否满足装配式实施，如图 4.2-28 转角墙长度过小，图 4.2-29 窗间墙长度过小，不利于装配式实施。

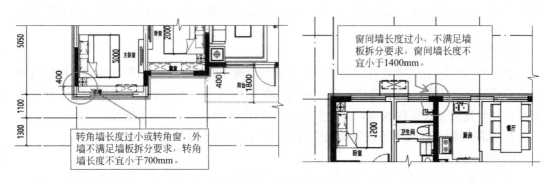

图 4.2-28　转角墙长度过小　　　　　　　　图 4.2-29　窗间墙长度过小

（2）平面内凹深度较大时，注意凹口宽度是否满足后续施工操作要求，如图 4.2-30 凹口净宽过小，图 4.2-31 形成了三维预制构件，预制成本较高且不便于运输。

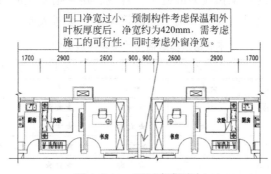

图 4.2-30　凹口净宽过小

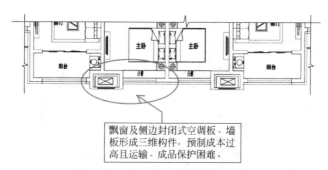

图 4.2-31　形成三维预制构件

4.3 结构专业设计常见问题

1. 按照传统现浇结构进行设计再进行构件拆分造成构件种类过多

【原因分析】

按传统现浇结构思维进行装配式框架结构设计。现浇结构设计已非常成熟，结构优化达到极致，如竖向柱会根据轴压比多次改变截面，梁宽、高也会根据不同区域进行调整，按此现浇结构标准化思维进行设计，导致装配式结构标准化低，构件种类多，模具周转困难，施工难度大，实际成本增加。

【防治措施】

墙、柱结构可沿全高分阶段改变截面尺寸和混凝土强度等级，但不宜在同一楼层同时改变截面尺寸和混凝土强度等级，装配式结构节点钢筋连接比较复杂，尽量减少设计变截面柱，同时宜减少预制柱种类，方便生产，减少模具数量，简化施工流程。

2. 预制楼板未能按照不同建筑类别选取类型造成不经济

【原因分析】

预制楼板种类很多，设计人员往往对于不同类型的预制楼板适用情况不了解，未能在设计初期进行合理的选择，造成一定程度的工期增加或经济浪费。

【防治措施】

目前常见的预制楼板有双向钢筋桁架混凝土叠合板、单向钢筋桁架混凝土叠合板、普通预应力叠合楼板、钢筋桁架预应力混凝土叠合板、钢管桁架预应力混凝土叠合板、大跨预应力混凝土空心板等类型，其适应的不同建筑类型可参考表 4.3-1 执行。

不同建筑类型适用的预制楼板类别　　　　　　　　　　　　　　表 4.3-1

预制楼板类别	住宅、公寓	办公	学校	工业厂房	钢结构
双向钢筋桁架混凝土叠合板	★★★	★★	★	○	★
单向钢筋桁架混凝土叠合板	★★	★★★	★★★	★★★	★★★
普通预应力叠合楼板	★	★★★	★★★	★★★	★★★
钢筋桁架预应力混凝土叠合板	○	★★★	★★★	★★★	○
钢管桁架预应力混凝土叠合板	○	★★★	★★★	★★★	★★★
大跨度预应力混凝土空心板	○	★★	★★	★★★	○

注：★★★为强烈推荐、★★为一般推荐、★为可采用、○为不建议采用。

3. 单、双向叠合板设计时，结构计算模型导荷方式不合理

【原因分析】

叠合板设计时，结构计算模型未按照单、双向板调整导荷方式，导致计算结果与实际配筋结果不符，结构存在安全隐患。单向板、双向板的受力模式如图 4.3-1 所示。

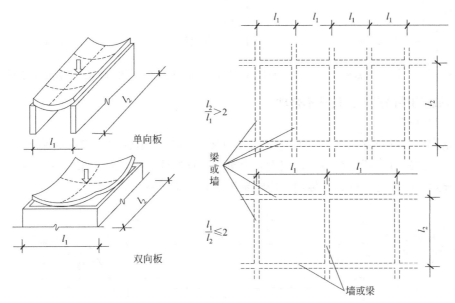

图 4.3-1 单向板、双向板受力模式

【防治措施】

叠合楼板一般由现浇和预制两部分组成，设计分为单向和双向两种情况，根据接缝构造、支座构造和长宽比确定。设计时应逐一核对每块板的结构计算模型，确保导荷方式与实际受力情况相符。

4. 套筒连接部位钢筋保护层厚度设计与生产存在差异

【原因分析】

现浇钢筋混凝土结构保护层厚度应当从受力钢筋的箍筋算起，结构设计一般由设计单位完成，而构件生产由构件加工厂深化完成。实际上构件生产企业对柱子的保护层厚度一般会有三种不同的做法。（1）严格按照设计单位要求，混凝土保护层厚度不变，如图 4.3-2 所示。这种做法会导致套管在混凝土中的保护层厚度不够，无法满足套筒在混凝土中的锚固和耐久性。（2）内移套筒，如图 4.3-3 所示。这种做法会导致原结构计算高度 h 变小，减小结构的承载力，存在安全隐患。（3）人为增加构件尺寸，如图 4.3-4 所示。受力钢筋位置不变，改变结构刚度，导致计算结果失真。

上述问题主要是由设计与生产分离造成的，设计人员没有考虑套筒的尺寸导致实际构件保护层不足的问题，造成结构安全隐患。前期设计过程中设计人员不应只考虑现浇设计，还应考虑后端实际生产。

【防治措施】

设计单位在设计时宜采用 BIM 技术检查钢筋的准确定位，考虑套筒处混凝土保护层厚度满足规范要求，并根据套筒换算后的混凝土保护层厚度来计算构件配筋值，保证设计与生产统一。

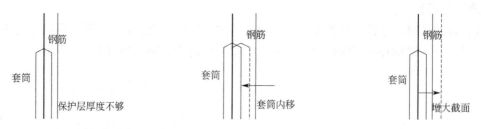

图 4.3-2　套筒钢筋不变连接　　　图 4.3-3　套筒钢筋内移连接　　　图 4.3-4　增大保护层厚度连接

5. 预制构件吊点位置设计不合理

【原因分析】

预制构件吊点位置距预制构件边缘过小（图 4.3-5），预制构件起吊时吊点处混凝土易开裂，导致吊钉（环）被拔出，引发安全事故。预制构件吊点位置未考虑钢筋、预埋件避让，导致铝模无法进行竖向传递，影响铝模拼装效率，费工费时。

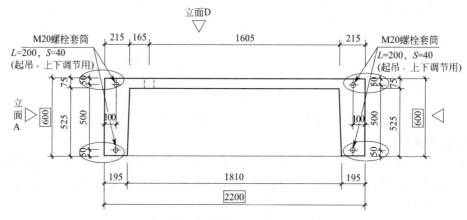

图 4.3-5　吊点位置距构件边缘过小

【防治措施】

预制构件吊点位置设计应经受力计算确定，位置距预制构件边缘应满足计算要求，如图 4.3-6 所示。

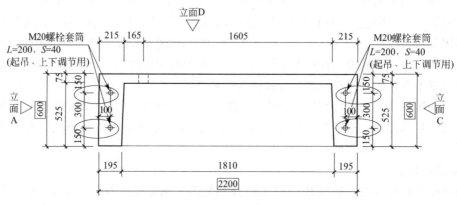

图 4.3-6　合适的吊点位置

6. 预埋件位置不合理，导致钢筋保护层厚度不足

【原因分析】

预制构件在设计预埋件位置时未考虑钢筋排布、钢筋保护层厚度。容易造成钢筋锈蚀，影响预制构件耐久性，如图 4.3-7 所示。

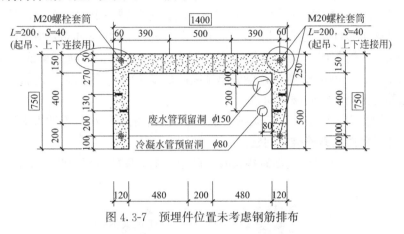

图 4.3-7　预埋件位置未考虑钢筋排布

【防治措施】

预制构件设计应考虑各种预埋件的规格大小，合理布置，预埋件距预制构件边不宜小于 75mm。

7. 预制柱上下截面收进不合理、纵筋变化不合理

【原因分析】

上下层柱截面变化时，纵筋位置未兼顾上下层对应关系，导致上柱套筒与下柱伸出钢筋位置对不上。预制柱套筒规格选用时仅考虑当前柱纵筋直径，而未考虑兼顾下层柱伸出纵筋直径变化的因素，导致套筒选用错误。

【防治措施】

框架柱纵筋配筋设计时，建议将同一位置处的纵筋不同层间直径、间距尽可能归并，如需改变纵筋直径、间距，建议 4～5 层一变，这样有利于提高设计、制作和施工效率，减少模具套数，降低成本。

柱截面变化时宜采用相邻两侧单边收进方式，且每边收进不宜小于 100mm。角柱和边柱一般能满足外侧对齐、内侧变化的单边收进要求、对于中柱需要在建筑设计时就与内部空间统筹。单边收进 100mm 的预制柱边筋上端可采用锚固板方式收头，有利于现场施工。

上下层柱截面变化会使得纵筋规格或数量也随之变化，设计时除了下柱侧边的收头纵筋，其余纵筋应保持相同平面位置内的根数与位置关系不变。

8. 预制梁柱节点核心区钢筋碰撞

【原因分析】

框架梁、柱截面偏小，钢筋密集，难以错开，易发生碰撞。设计时未对梁柱节点的配筋构造进行放样。

【防治措施】

框架结构梁柱节点钢筋比较密集。若使用高强度材料、大直径钢筋，可以减少钢筋数量，减少钢筋连接接头，减少截面尺寸与锚固长度相矛盾的问题，如图 4.3-8 所示。因此，在装配式结构中，应尽量采用高强度、大直径钢筋和高强度混凝土。或采取以下措施避免钢筋碰撞：

（1）预制框架结构在梁平面布置时，建议两方向的梁（即 X，Y 方向的梁，此处不区分主次梁），梁底高差在 100mm 以上，可有效避免梁底纵筋碰撞，降低施工难度。

（2）"十"字交叉布置的次梁，如采用预制则只可预制一个方向次梁，另一个方向的次梁现浇，从施工难度及经济性考虑，不如采用同一方向双次梁的布置方案。

（3）预制梁在配筋时，梁钢筋间距宜控制在 100mm 以上，建议梁底采用大直径钢筋，减少钢筋根数（300mm 宽梁，梁底单排纵筋最多 3 根），否则梁底钢筋过密，很难避免预制柱纵筋与预制梁纵筋碰撞问题。

（4）在结构受力允许条件下，梁纵筋第二排及以上的纵筋尽量不伸入支座，避免连接节点区域钢筋过多造成钢筋碰撞问题。

（5）在施工前进行 BIM 钢筋碰撞检查，防止在施工现场出现问题，如图 4.3-9 所示。

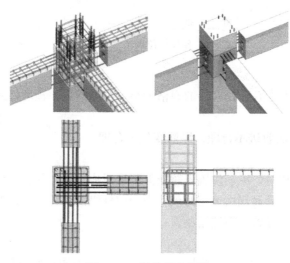

图 4.3-8 梁柱节点钢筋

9. 次梁布置方式不合理导致连接复杂、施工困难

【原因分析】

装配式结构设计时容易忽略次梁的优化布置，仍按照现浇思维设计成"井"字、"十"字次梁（图 4.3-10）。由于预制梁都是单根生产，两方向交错次梁须在交点处断开，交叉处需考虑钢筋避让、先断后连等繁琐的技术措施。次梁断开处现浇需搭设支撑排架及模板等，施工也较为麻烦，因此往往造成装配式结构施工效率低。

【防治措施】

基于装配式结构预制构件的生产与施工特点，次梁应优先采用单向平行布置（图 4.3-11），次梁单向布置的优点是生产简单，施工安装快捷。

10. 预制柱底键槽未设置排气孔

【原因分析】

设计人员不了解规范要求及灌浆施工工艺，柱底未设置键槽部位排气孔，如图 4.3-12 所示。

图 4.3-9 BIM 碰撞检查

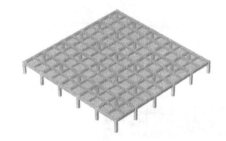

图 4.3-10 "十"字次梁布置

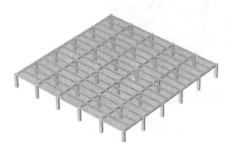

图 4.3-11 单向次梁布置

图 4.3-12 预制柱底键槽未设置排气孔

【防治措施】

《钢筋套筒灌浆连接应用技术规程》JGJ 355—2015 第 4.0.6 条规定截面较大的竖向构件（一般为柱），考虑到灌浆施工的可靠性，应设置排气孔，排气孔应设置在键槽中心点，排气孔的最高点位置应高于最高套筒出浆孔，高差不宜小于 100mm。预制柱灌浆时，排气孔可作为排气使用，也可以兼作灌浆饱满度观察所用，如图 4.3-13、图 4.3-14 所示。

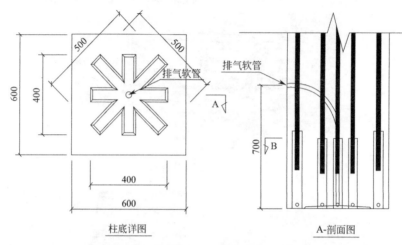

图 4.3-13 预制柱底键槽排气孔大样图

图 4.3-14 预制柱底键槽设置排气孔实物图

11. 预制洞口位置设计图纸中未按规范要求设置加强筋

【原因分析】

因楼板、墙板钢筋遇洞口被截断时，专项设计未按结构设计说明要求设置附加箍筋，导致墙板洞口处易开裂，如图 4.3-15 所示。

图 4.3-15 预制构件表面裂纹

【防治措施】

预制构件开洞位置按照相关规范要求设置补强钢筋，如图 4.3-16 所示。

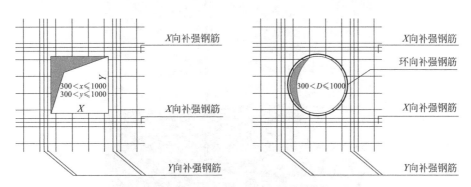

图 4.3-16　洞口附加设置附加补强钢筋

12. 预制构件与现浇部位连接处未设计抗剪槽或粗糙面

【原因分析】

预制构件生产企业未按要求制作抗剪槽或粗糙面，影响结合面混凝土受力性能，存在结构安全隐患，如图 4.3-17 所示。结合面可能产生收缩裂缝，甚至开裂渗漏。现场需对预制构件进行人工凿毛，费工费时。

图 4.3-17　预制构件与现浇结构连接处未设计抗剪槽

【防治措施】

试验表明，预制梁端采用键槽的方式时，其受剪承载力一般大于粗糙面，且易于控制加工质量及检验。键槽深度太小时，易发生承压破坏；当不会发生承压破坏时，增加键槽深度对增加受剪承载力没有明显帮助，键槽深度一般在 30mm 左右。梁端键槽数量通常较少，一般为 1～3 个，可以通过公式较准确地计算键槽的受剪承载力，如图 4.3-18 所示。

13. 结构主体计算未准确考虑预制构件的影响存在安全隐患

【原因分析】

设计时当同一层内既有现浇又有预制构件时，未对现浇构件在地震作用下的内力进行放大处理。当外围护构件与主体构件采用较为刚性的连接时，未考虑其对主体结构刚度的影响，周期没有折减，从而导致结构分析产生误差，存在安全隐患。

图 4.3-18 叠合梁端抗剪键槽、粗糙面

【防治措施】

设计时应注意以下问题：

（1）抗震设计时，对同一层内既有现浇墙肢也有预制墙肢的装配整体式剪力墙结构，现浇墙肢水平地震作用弯矩、剪力宜乘以不小于 1.1 的增大系数，如图 4.3-19 所示。

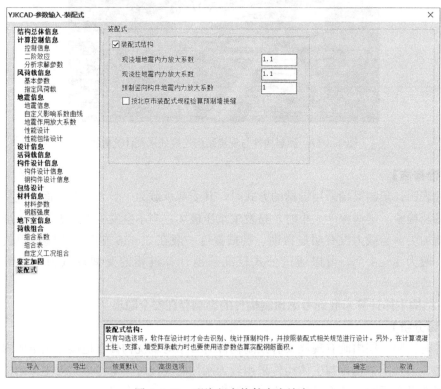

图 4.3-19 现浇竖向构件内力放大

（2）采用线支承与主体结构相连的外挂墙板，应根据刚度等代原则计入其刚度影响，但不得考虑外挂墙板的有利影响。

14. 预制墙板水平外伸钢筋阻碍边缘构件的施工

【原因分析】

在预制构件连接设计时，没有充分考虑施工的可操作性，导致现浇边缘构件箍筋放置困难。设计时没有提供指导施工的装配图，导致现场施工随意性大。

【防治措施】

可采取以下措施避免。

（1）现浇边缘构件纵筋采用绑扎搭接时，预制墙板的水平外伸钢筋宜采用开口设计。

（2）预制墙板水平外伸钢筋采用封闭形式时，现浇边缘构件纵筋宜采用焊接或机械连接，且机械连接采用Ⅰ级接头。

（3）在装配式建筑施工前应对施工人员进行关键施工工艺及工序的培训，如开工前搭建工法楼，让工人能够直观了解施工工艺及工序，还可借助 BIM 技术进行施工模拟，使施工人员能够通过视频动画了解施工工艺，如图 4.3-20、图 4.3-21 所示。

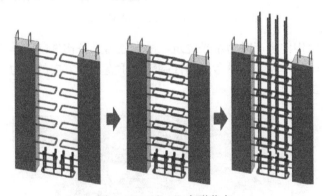

图 4.3-20　"一"字形节点

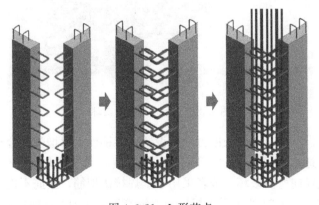

图 4.3-21　L 形节点

15. 预制构件吊点设计不合理导致构件起吊时破坏

【原因分析】

装配式项目中的吊点设计是长时间以来困扰结构工程师的一大难题，相对于传统的现浇结构设计，吊点设计是装配式专项设计中的新增内容，许多工程师对吊点设计缺乏了解。导致吊点设计不合理，常见有以下几类问题。

（1）因墙板类构件常出现水电安装孔、楼板构件下水管洞口或其他洞口，且此类细节孔洞水电设计师常在构件设计完成后再提交深化设计图，而构件深化设计师往往不重视，机械地将孔洞直接画在构件图上，造成吊点离孔沿边缘处太近，没有避开剪切面，如图 4.3-22 吊点离洞口太近而造成破坏。

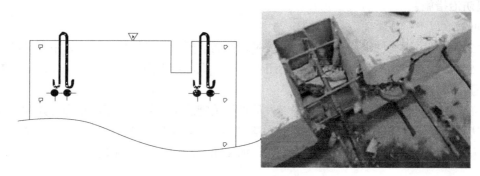

图 4.3-22　吊点离孔洞太近造成破坏

（2）因预制竖向构件生产时为水平浇筑，吊点还需具备构件翻转作用，但设计师往往只考虑在竖向起吊时的作用，而没考虑构件翻转时垂直板面方向的拉力，造成构件混凝土被剥落，如图 4.3-23 所示。

图 4.3-23　吊点翻转时破坏

（3）在叠合板设计时，一般长度方向会设置桁架钢筋，以增强叠合楼板的刚度，但遇到宽度较宽时（超过 2.5m），在起吊和安装过程中横向受力较大但没有桁架钢筋的加强，容易造成叠合楼板横向弯折破坏。或者采用手工焊接桁架筋，腹筋不连续，此处作为吊点容易出现问题，如图 4.3-24 所示手工焊接桁架钢筋不能作为吊点使用，需要另设吊钩。

（4）设计师往往会认为构件重量大，多设吊点更安全，其实不然，一方面多设吊点不经济，另一方面吊点设置会与构件正常使用受力方式相违背。例如叠合梁的吊点，因叠合梁未设置上部钢筋，应尽可能将吊点往端部设置，遵循少而大的原则，若设置三个及以上吊点，容易产生负弯矩，造成构件上部开裂。在预制构件深化过程中，往往设计师不从实

图 4.3-24　人工焊接桁架腹筋需另设吊钩

际生产和安装角度出发，只是简单地将吊点布置在构件上，往往与构件钢筋、水电管线或者与凸出的外页墙板相冲突。例如叠合梁吊钩与箍筋重叠，起吊套筒与出筋相碰。

【防治措施】

构件设计时对吊点位置进行受力分析计算，吊具中心与构件重心应重合，吊点位置距预制构件边缘应满足规范及计算要求，确保吊装安全，吊点设置合理；对于漏埋吊点或吊点设计不合理的构件返回工厂进行处理。

（1）充分利用构件的外形特点，选取合适的吊点形式。

部分大尺寸构件，本身不适合设置一般的吊钩或吊钉等，此时可采取特殊的方式。例如预制排架柱，重量大，尺寸长，用吊钩起吊肯定不方便，可在起吊点设置通孔，起吊时吊绳穿过通孔，十分经济和方便，如图 4.3-25 所示。

图 4.3-25　利用通孔起吊

（2）尽量不要设置奇数个吊点，动滑轮不易实现。

设计师根据构件重量和起吊点的承载能力进行吊点数量选择，容易出现奇数个吊点，这会给起吊和安装带来很大的不便，而且起吊时安全隐患较大。在承载力满足的条件下，尽量少设置吊点，尽量不要设置奇数个吊点。

（3）吊点设置应避开难操作处。

吊点的设置应简单并为制作和安装带来方便，避开工人难操作处或给吊具带来额外要求的地方。

16. 连梁超筋问题

【原因分析】

高层剪力墙结构考虑地震作用计算时，常常出现部分连梁超筋的情况（图 4.3-26），一般均是连梁截面不满足剪压比的限值。

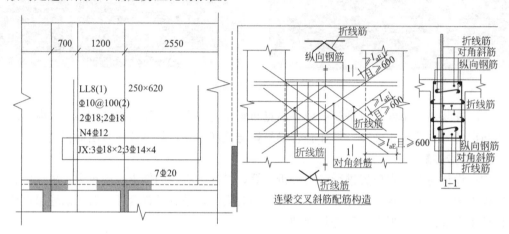

图 4.3-26　连梁超筋

【防治措施】

《高层建筑混凝土结构技术规程》JGJ 3—2010 规定，当连梁抗剪截面不足时，可采取在连梁中设置型钢或钢板等措施，如图 4.3-27 所示。

图 4.3-27　连梁设置型钢

17. ALC 条板未设置防裂槽

【原因分析】

ALC 板在使用过程中出现易开裂的现象，特别在板与板之间、板与现浇混凝剪力墙间、楼顶板与梁之间易产生裂缝。

【防治措施】

设计时 ALC 板端应预留防裂槽（图 4.3-28），同时在与之相邻预制剪力墙或现浇剪力墙上留槽，然后再用抗裂砂浆粘贴网格布覆盖防裂槽。这样可有效减少裂缝。

18. 斜撑点位设置不合理

【原因分析】

这类问题表现为斜撑预埋件点位设置不合理导致斜撑杆与现浇部位相碰撞，如图 4.3-29 所示。

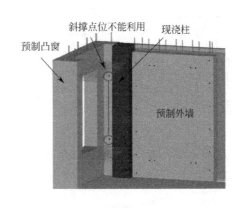

图 4.3-28 带防裂槽的 ALC 板　　　　图 4.3-29 斜撑点位不合理

【防治措施】

技术人员在绘制支撑架搭设平面布置图时，应考虑竖向预制构件临时斜撑的布置。首先校对斜撑杆是否影响现场施工，其次需考虑斜撑杆与水平构件支撑架之间的避让关系。对不合理的预制构件斜撑预埋点以及在楼板中预留的斜撑点埋件位置进行调整优化。

19. 支模孔位设置不合理

【原因分析】

此类问题通常为孔位距墙边太近及漏设、多设的情况（图 4.3-30），将导致支模困难或者现场重新开孔。

【防治措施】

应注重核对 T 形、L 形墙节点处的预制构件支模点位。

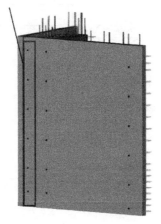

图 4.3-30 支模孔位不合理

设计时应取消无用的预留支模孔位，同时调整孔位与墙边的距离，确保现场高效支模施工。根据构件平面布置图和构件详图绘制预制构件支模点位深化图纸。支模点位深化图的信息包括预制构件中预留的支模孔洞位置及间距。注意竖排支模孔至墙边缘或转角处的水平距离，保证现场有足够的支模操作空间。支模孔的合理与否严重影响模板工程的施工效率以及混凝土成形效果，而设计院人员往往缺少施工经验。因此，对构件预留支模孔洞位置的校核与深化是一项很基础但又很重要的工作。

20. 预制构件图标注不清楚或标注矛盾导致生产加工困难

【原因分析】

在进行构件深化设计时，图纸标注不全面导致现场生产加工困难或产生错误。如图 4.3-31 所示，图中箭头指示部位应有螺杆套丝的规格、长度标注，但图中无此信息，给埋件加工带来困扰。

如图 4.3-32 所示，楼梯栏杆预留孔深度标注不一致。如图 4.3-33 所示，墙板结构层两边凹槽尺寸标注不一致。如图 4.3-34、图 4.3-35 所示，模板图和配筋图中的套筒数量、位置不一致。

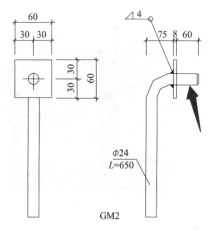 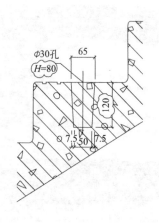

图 4.3-31　连接螺栓详图　　　　　　图 4.3-32　踏步预留孔详图

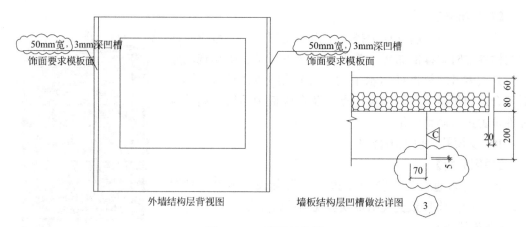

图 4.3-33　墙板结构图

【防治措施】

构件模板图，应表示模板尺寸、预留洞及预埋件位置、尺寸，预埋件编号、必要的标高等；后张预应力构件尚需表示预留孔道的定位尺寸、张拉端、锚固端等。

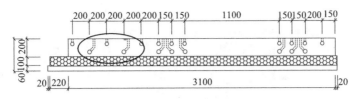

图 4.3-34　外墙构件仰视图

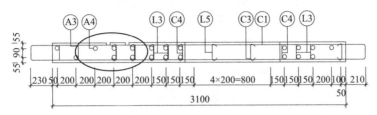

图 4.3-35　外墙结构层配筋剖面图

构件配筋图，应标识纵剖面表示钢筋形式、箍筋直径与间距，配筋复杂时宜将非预应力筋分离绘出；横剖面注明断面尺寸、钢筋规格、位置、数量等。

21. 应用于门洞两侧预制内墙，其强度无法满足要求

【原因分析】

轻质墙强度无法满足门窗固定的要求，同时也无法像传统砌体一样组砌混凝土块或实心砖，会导致门窗固定不牢固，存在开裂脱落风险。

【防治措施】

陶粒板需将距门洞最近的孔洞灌芯，ALC 可采用加扁钢的方式或者构造柱。如图 4.3-36 所示。

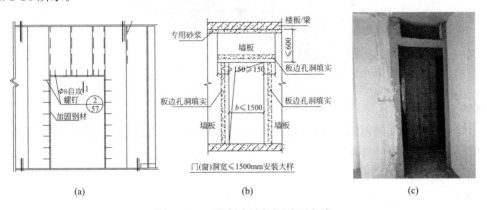

图 4.3-36　预制内墙门洞处理方式
（a）ALC 板扁钢加固；（b）陶粒板门洞位置孔洞灌芯；（c）设置构造柱

22. 主次梁连接时主梁槽口尺寸不准确或不合理

【原因分析】

梁与梁搭接时，槽口预留尺寸不准确，造成现场返工，影响施工周期，如图 4.3-37 所示。槽口高度过大（图 4.3-38），导致槽口处预制段高度过低（截面高度＜100mm），预制梁在生产运输中可能会在槽口处断裂。槽口处架立筋设置位置不合理影响搭接梁的吊装，如图 4.3-39 所示。

图 4.3-37　槽口尺寸太小

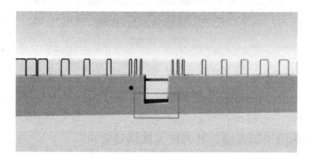

图 4.3-38　槽口高度太大

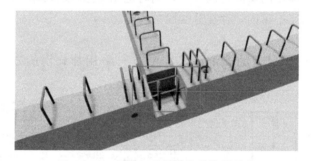

图 4.3-39　梁窝架立筋挡住搭接梁吊装

【防治措施】

　　槽口应根据相关规范的构造要求进行设计（图 4.3-40），设计时应综合考虑主次梁搭接、配筋以及构件吊装等问题。

图 4.3-40　正确的槽口

23. 主次梁采用钢企口连接时，主次梁箍筋设置有误

【原因分析】

主梁箍筋应从次梁牛担板搁置缺口两侧各 50mm 开始加密布设，而不是从次梁边开始算起。次梁箍筋未在梁端 1.5 倍梁高范围设置加密区。

【防治措施】

主梁附加箍筋按牛担板搁置缺口两侧各 50mm 开始加密。根据《装配式混凝土建筑技术标准》GB/T 51231—2016 第 5.5.5 条，次梁端部 1.5 倍梁高范围箍筋间距应不大于 100mm。牛担板连接示意图如图 4.3-41 所示。

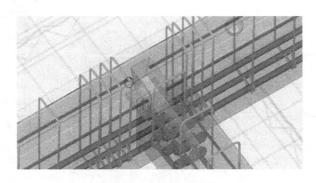

图 4.3-41　牛担板连接

24. 叠合板超厚

【原因分析】

在大多数采用叠合板装配式项目实施过程中，设计、生产、施工阶段均存在不足而导致叠合板浇筑超厚，该问题将带来一系列不利影响。

【防治措施】

叠合板实际厚度主要由以下部分组成：（1）预制底板实际厚度；（2）电气管线敷设需求厚度；（3）钢筋布置需求厚度；（4）钢筋、管线、预制底板之间空隙；（5）保护层实际厚度。具体如图 4.3-42 所示。

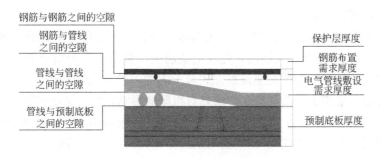

图 4.3-42　叠合板厚度组成

设计时可采取以下措施控制叠合板板厚。

（1）按不同区域设计合理板厚。

住宅标准层内不同板块对应不同功能区，如阳台、卧室、厨房、客厅、餐厅、玄关、

公共区域等，通常不同功能区叠合板现浇叠合层需暗敷的电气管线数量不同，对现浇叠合层的空间需求也不同。因此，电气管线敷设较少的区域可采用厚 120mm（如阳台）和 130mm（如一般卧室、厨房等）叠合板；电气管线敷设较多的区域宜采用不小于 140mm 厚的叠合板（如客厅、玄关、公共区域等），如图 4.3-43 所示。对于有阳角的异形板，由于需额外布置阳角放射筋，对现浇叠合层空间需求增加。因此，建议该区域叠合板厚适当加厚，一般不宜小于 140mm。

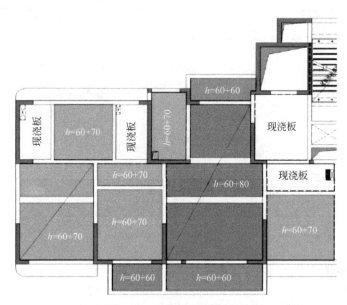

图 4.3-43　分区域设置板厚

（2）局部管线密集区域设计为现浇楼板。

由于电井通常位于公共区域，且公共区域还有消防、应急照明、电梯等用电管线，管线相对密集。另外强、弱电箱在同一位置时，通往各房间的强、弱电管线均需从该位置引出，管线相对密集。对于管线密集区域（如公共区域、强弱电箱所在的玄关），若叠合板应用比例要求不高时，建议该区域采用现浇混凝土楼板。

（3）设计合理的钢筋排布。

对于厚度大于 130mm 的叠合板，一方面现浇叠合层可采用 3 层钢筋的排布方式（含桁架筋上弦），桁架筋替代马凳钢筋，先在桁架筋上面放置垂直于桁架筋方向的钢筋，后放置另外方向钢筋在其上面，钢筋排布方式与工人的习惯绑扎方式相符，施工不易出错；另一方面，考虑桁架筋上浮及其他生产误差对板厚的影响，将桁架筋实际生产高度较理论计算高度降低 2mm（120mm 厚叠合板因桁架筋高度一般不小于 70mm 限制且数量较少，仍然按照 2 层钢筋的排布方式）。桁架筋与钢筋排布如图 4.3-44 所示。

（4）优化设计阳角部位桁架筋布置。

常规设计阳角筋：放射筋＋架立筋为直线钢筋，加上铁 2 层钢筋，该部位按照常规排布为 4 层钢筋。设计可优化阳角放射钢筋排布，除桁架钢筋上弦外，钢筋层数可以优化为 3 层。具体做法可将放射筋架立钢筋与楼板上铁钢筋保持共面，也可用楼板上部钢筋替代架立钢筋，以节省钢筋绑扎空间。

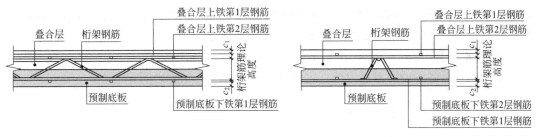

图 4.3-44　桁架筋与钢筋排布

25. 预制钢筋桁架叠合楼板布置及配筋设计不合理

【原因分析】

结构设计未考虑预制桁架钢筋叠合楼板规格的标准化，仍在填充墙下布置次梁，导致预制桁架钢筋叠合板版型过多，降低了装配效率。预制桁架钢筋叠合板板底纵筋间距种类过多，导致模具种类偏多。

【防治措施】

叠合板拆分时尽量保证跨度相同的预制底板宽度相同，以利于产品标准化，尺寸差可通过调整现浇板带解决。叠合板长度不宜大于 8m，宽度不宜大于 3.2m，常规厚度 60～80mm，对应现浇层厚度可取 70mm、80mm、90mm 等。

选取某工程案例进行说明。

拆分方案四中 4 块叠合板均为单向板，板与板之间预留 40mm 宽嵌缝。4 块叠合板尺寸均为 $L=3620$mm，$B=2200$mm，共 1 套模具。模具费用包括模具设计费 1200 元/t、模具生产费 13000 元/t，模具费用是装配式构件成本中占比较大的一个分项。方案一～方案四（图 4.3-45～图 4.3-48）的总造价分别为 3152、2859、2707、2437 元，模具成本占总造价的比例分别为 23.54%、17.30%、9.16%、11.13%，可见好的拆分设计方案可以将模具费用占比控制在 10% 左右，有效控制预制构件生产成本。

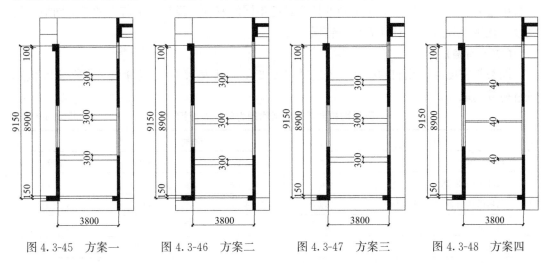

图 4.3-45　方案一　　　图 4.3-46　方案二　　　图 4.3-47　方案三　　　图 4.3-48　方案四

26. 阳台处排水管洞口未定位

【原因分析】

阳台立管距墙定位至少需要 150mm（图 4.3-49），目前保温均做在阳台内侧，需考虑保温厚度及立管安装空间，此处水专业图纸很少有定位，有定位的很少考虑保温厚度，装修图此处也经常不定位，造成后期排水管安装出现问题。

【防治措施】

阳台立管要各专业协调后定位，定位区间在 150～200mm 之间。

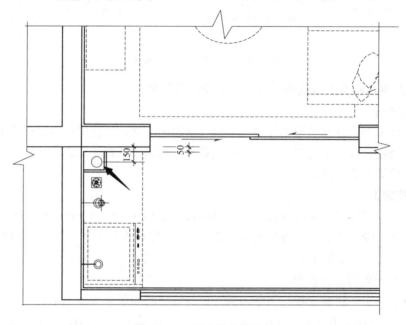

图 4.3-49　阳台排水管定位

27. 预制内墙线荷载输入错误

【原因分析】

通常预制内墙采用 ALC 墙板、陶粒板等类型，对于 ALC 板其密度是固定的，而陶粒板中是有通长的孔洞，对于不同的板厚具有不同的密度，设计人员若未考虑不同板厚的密度变化则会导致线荷载计算出现错误。

【防治措施】

陶粒板密度由于孔洞的存在，密度随厚度变化，见表 4.3-2，设计人员根据实际板厚进行荷载选取。

蒸压陶粒混凝土墙板物理力学性能指标　　　　　　　　　　　表 4.3-2

序号	项目	指标			
1	板厚(mm)	100	120	150	200
2	抗冲击性能(次)	≥5	≥5	≥5	≥5
3	抗弯破坏荷载(板自重倍数)	≥1.5	≥1.5	≥1.5	≥2.0
4	抗压强度(MPa)	≥5.0	≥5.0	≥5.0	≥5.0
5	软化系数	≥0.85	≥0.85	≥0.85	≥0.85
6	面密度(kg/m²)	≤110	≤140	≤160	≤190
7	含水率(%)	≤5.0	≤5.0	≤5.0	≤5.0
8	干燥收缩值(mm/m)	≤0.4	≤0.4	≤0.4	≤0.4

序号	项目	指标			
9	吊挂力(N)	≥1000	≥1000	≥1000	≥1000
10	空气声隔声量(dB)	≥35	≥40	≥45	≥47
11	耐火极限(h)	≥1.0	≥1.0	≥2.0	≥2.0
12	导热系数(W/m·K)	—	≤0.343	≤0.342	≤0.387

注：对于分户墙和楼梯间墙等有传热系数限制要求的墙板，应检测传热系数。

28. 预制内墙吊挂重物未进行设计

【原因分析】

预制内墙吊挂较重的物体时未采取有效的措施导致吊挂物体脱落。

【防治措施】

陶粒板可采用完全灌芯填充，吊挂力较强，或采用局部灌芯，如图 4.3-50 所示；ALC 板挂较重物体时，需采用对穿螺栓方式固定，如图 4.3-51 所示。

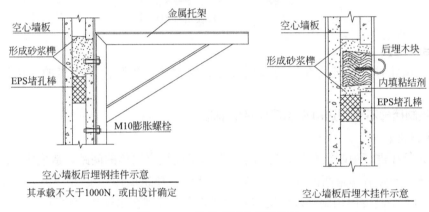

图 4.3-50　陶粒板吊挂重物做法

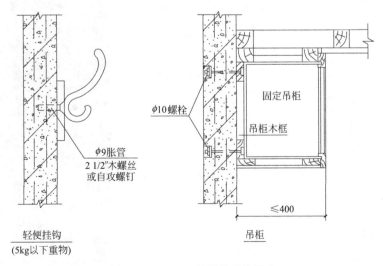

图 4.3-51　ALC 板吊挂重物做法

29. 叠合板端设置放射钢筋导致保护层厚度不足

【原因分析】

设计人员按照现浇结构的设计思路在预制叠合板板角部位设置放射钢筋导致钢筋重叠过多，容易造成保护层厚度不满足设计要求，如图 4.3-52 所示。

图 4.3-52 叠合板板角放射钢筋

【防治措施】

叠合板设计时尽量避免在板角部位设置放射钢筋，按照标准图集的做法进行构造设计。

30. 预制楼梯不靠侧边填充墙后期封堵困难

【原因分析】

设计人员在进行预制楼梯设计时未考虑与楼梯间填充墙体的间距，造成施工现场出现较大的空隙，导致后期封堵困难。如图 4.3-53 所示，建筑墙体厚度 200mm，结构梁宽度 250mm，填充墙高度内预制梯段宽度需要做到墙边，否则会出现较大空隙。

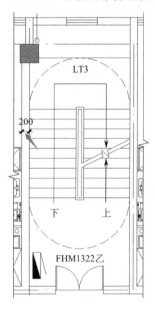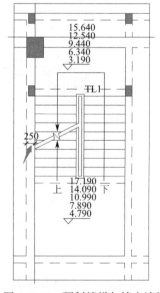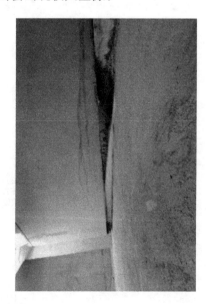

图 4.3-53 预制楼梯与填充墙间空隙

【防治措施】

在进行预制楼梯间设计时尤其要注意梁宽、墙厚等相关尺寸进行楼梯宽度设计，避免施工现场出现加大空隙。

4.4 设备专业设计常见问题

1. 配电箱等大尺寸线盒嵌入安装在轻质内隔墙条板内影响墙板强度

【原因分析】

在轻质内隔墙条板上安装配电箱、开关面板等线盒时，开槽尺寸过大（图 4.4-1）或同一部位的开关面板集中布置过多，对预制内隔墙条板的强度及安全性造成影响，易导致轻质内隔墙条板的结构安全问题。

【防治措施】

在设计时应注意以下事项：

（1）减少开关面板在同一墙板的布置数量，当墙板两侧均预埋线管时，其水平安装间距不小于 150mm。

（2）电气设备箱（配电箱、智能化配线箱）不宜安装在预制构件上，应尽量设置在现浇或砌筑墙体上。

（3）住户室内强弱电配电箱宜暗埋在户内隔墙体的现浇段，家居配电箱底边距地不低于 1.6m，信息箱底边距地不低于 0.5m；当管线与

图 4.4-1 配电箱安装在预制墙板上

吊顶内管线连接时，应在连接处对应墙面预埋出相应的穿线套管，预埋套管伸出墙面的长度不小于 60mm。

2. 叠合板内管线排布不合理

【原因分析】

机电管线设计排布不合理，产生多层交叉，如图 4.4-2 所示。线盒位置靠桁架钢筋过近，导致管线无法安装或外露，进一步导致现浇层加厚，增加成本。

图 4.4-2 叠合板内管线交叉

【防治措施】

合理的管线排布如图 4.4-3 所示，在设计时应注意以下事项：

（1）叠合板现浇层设计时预留出足够厚度，建议不宜小于 70mm。

（2）深化机电管线排布图，合理安排布线路径，尽量减少管线交叉，并避免多层管线交叉。

（3）做好机电管线预留预埋和隐蔽验收。

（4）建议强弱电箱分开设置，否则交叉较多。

（5）住户电表箱到家居配电箱的线路在走道内穿管或桥架内敷设。入户时穿管沿户内吊顶敷设，入户处墙体应预留强弱电线路孔洞。

图 4.4-3　合理的管线排布

3. 叠合板预留排水立管与地漏距离不足，地漏存水弯无法安装

【原因分析】

图纸设计时，设计人员未把预埋地漏与立管实际安装尺寸以及管道管径和管径尺寸进行设计综合考虑，造成预制叠合板预留立管与地漏距离不足，导致地漏存水弯在现场无法安装，需要重新钻孔进行二次处理，增加工作量且影响质量，如图 4.4-4 所示立管与地漏距离太近，地漏存水弯无法安装。

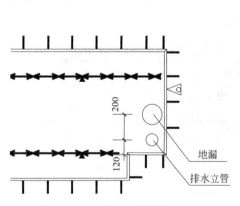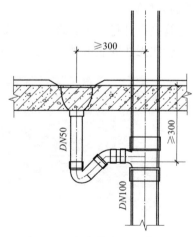

图 4.4-4　立管与地漏距离太近，　　　　图 4.4-5　根据管径和配件尺寸
　　　　地漏存水弯无法安装　　　　　　　　　　确定留洞尺寸

【防治措施】

水暖电设计人员在施工图设计时，应根据给水排水、电气、暖通等专业的管道、设备构造尺寸及安装间距要求进行设计，预留充足的安装空间（图 4.4-5），充分满足施工安装要求，保证施工顺利完成。

4. 风管、水管、冷媒管等预留洞口位置及尺寸不满足要求

【原因分析】

预制构件深化设计与机电预留预埋协调不到位或预制构件生产未按设计图纸准确预留洞口位置及尺寸，导致预制构件孔洞预留位置距离其他楼板和墙体位置过近。造成现场管道安装空间不足，现场需对预制构件重新开槽埋管，增加工作量，影响质量，如图 4.4-6、图 4.4-7 所示。

图 4.4-6　围护结构安装后开槽影响结构安全

图 4.4-7　套管封堵措施不符合要求

【防治措施】

在设计时应注意以下事项：

（1）设计阶段应与结构专业密切配合，遵守结构设计模数网格，准确预留穿越墙板处洞口位置及尺寸，在预制构件上确定预留风管孔洞位置及大小，不应在围护结构安装后凿剔孔洞。风管穿越预制外墙或内隔墙处应预留孔洞与套管，如图 4.4-8 所示，预留孔洞尺

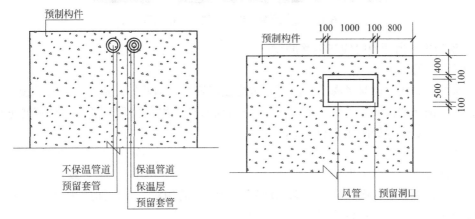

图 4.4-8　设计预留洞口做法

75

寸大小应比风管长、宽分别大 100mm（当为保温风管时，应考虑保温材料的厚度尺寸影响）；穿越预制外墙的新（排）风口预留孔洞尺寸大小应比风口长、宽分别大 50mm。

（2）准确设计空调水管及冷媒管穿墙、楼板预留套管位置及尺寸。套管可采用钢套管、铁套管及塑料套管。套管规格应考虑管道是否保温，对不保温管道的套管规格应比管道大 1～2 号，保温管道的套管规格应比管道大 2～3 号。

（3）预制构件生产时，生产厂家应根据设计图纸，在预制构件上准确预留洞口，不应随意改变设计洞口位置及尺寸大小。

5. 预制构件预留线盒未设计接线管

【原因分析】

预制构件深化设计与机电预留预埋协调不到位导致预制构件预留线盒未设计接线管。现场需对预制构件重新开槽埋管，费工费时，影响质量，如图 4.4-9 所示。

图 4.4-9　预制构件预留线盒未设计接线管

【防治措施】

设计时应充分考虑给水排水、电气、暖通等专业预留预埋（图 4.4-10），避免后期重新开槽埋管。

图 4.4-10　预制构件预留线盒、接线管

6. 预制构件内预埋管线与钢筋冲突

【原因分析】

预制构件深化设计时考虑不全面或未考虑预埋管线与钢筋的位置冲突，造成预制构件预埋管线与钢筋"打架"，导致现场线管无法与预制构件预留线管对接，需对钢筋进行处理，影响结构安全，如图 4.4-11 所示。

【防治措施】

在设计时应注意以下事项：

（1）预制构件深化设计时应考虑预埋管线与钢筋的相对关系，如应用 BIM 技术对管线进行碰撞检测，避免管线冲突。

（2）调整预制构件预埋管线的走向。

图 4.4-11　预埋管线与钢筋冲突

7. 预制构件未开槽造成现场重新凿沟埋设管线

【原因分析】

预制构件未开槽，需要现场凿沟埋设管线（图 4.4-12），存在以下问题：（1）被切断的水平钢筋没有重新连接；（2）沟槽内填充的砂浆随意配置，强度得不到保证，多数情况下低于预制墙板的混凝土强度等级；（3）填充砂浆收缩产生裂缝；（4）填充沟槽的砂浆抹平后，大多没有进行可靠养护，强度等级更没有保障，耐久性也受到影响。

图 4.4-12　现场凿沟

【防治措施】

从技术角度，给出如下处理办法的建议供参考。

（1）如果采用凿沟方案，尽最大可能不凿断水平钢筋。

（2）所凿沟槽应清理混凝土表面的松动块与颗粒。

（3）若水平钢筋被凿断，须用搭桥钢筋焊接，将断开的钢筋连接上（图 4.4-13）。搭接钢筋与被切断的钢筋的焊接长度应符合规范关于钢筋搭接焊长度的要求。

（4）埋设好管线后，须用具有膨胀性的高强度砂浆将沟槽抹平压实。砂浆的强度等级和膨胀性应由试验得出。

（5）填充砂浆应当留强度试块。

（6）采取有效的养护措施，如贴塑料薄膜封闭保湿养护，或喷涂养护剂养护。

（7）抹灰作业达到28d时，应观察处理部位有没有裂缝，测试块抗压强度，并用回弹仪现场测试强度。

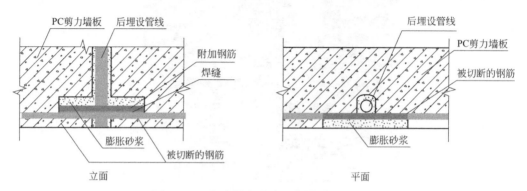

图 4.4-13　切断剪力墙水平钢筋的处理方法

8. 墙板内预制线管发生交叉

【原因分析】

传统施工方式在设计厨房墙板上的每个盒子时，预制构件图均接出上翻线管，各管线之间容易发生交叉连接，安全系数低。

【防治措施】

只保留外侧上翻线管，其余线管取消，同时增加一根横向管，如图 4.4-14 所示。墙板内预制线管路径优化后可减少线管使用量，同时也减少了电线的使用量。

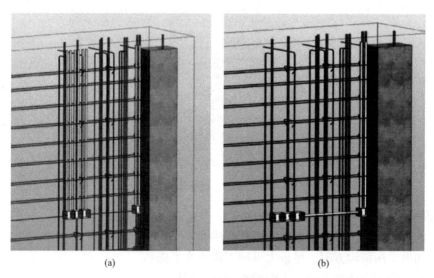

(a)　　　　　　　　　　　　　(b)

图 4.4-14　管线交叉优化

(a) 优化前；(b) 优化后

9. 叠合板下隔墙有线盒开关，叠合板对应位置未预留孔洞

【原因分析】

设计未充分考虑叠合板与板下隔墙线管的连接。现场在叠合板上后开洞，费工费时，

影响质量，如图 4.4-15 所示。

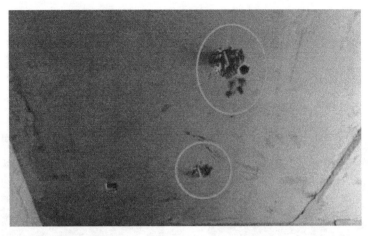

图 4.4-15　现场在叠合板上后凿孔洞

【防治措施】

设计时加强多专业间的提前协同，应充分考虑机电线管连接的预留预埋，如图 4.4-16
所示。

图 4.4-16　叠合板在需要位置预留孔洞

10. 现浇层上翻预留管定位不准确

【原因分析】

装配式建筑施工过程中要对线管进行精确定位，现浇层上翻预留管定位是否精准直接
影响下道工序，若定位不准确将影响现场施工。

【防治措施】

项目施工前需严格按照施工图尺寸定位，焊接定位钢筋固定线管，确保上翻预留管路
与预制构件孔出管精准对接。对于从预制构件顶部接出的线管，可以在构件加工时在模具
上开洞后伸出构件 5cm，见图 4.4-17。

11. 新风机电源预留线盒不合理

【原因分析】

对于左右对称的户型，设计人员往往采用镜像的方式绘图，但室内风机电源线盒往往

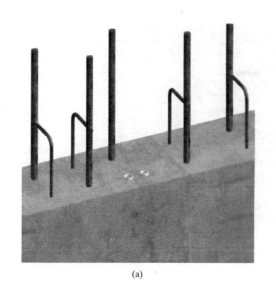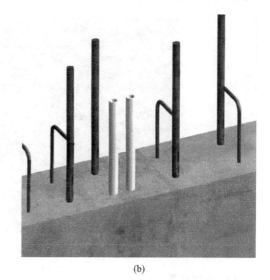

(a)   (b)

图 4.4-17　预制墙板配电箱线管优化

（a）优化前；（b）优化后

有左右之分，位于同一侧，镜像设计会导致此处出现纰漏。

【防治措施】

对于左右对称的户型，风机线盒不能采用镜像的方式绘制，而应该按照接线长度最短的原则进行设计，如图 4.4-18、图 4.4-19 所示。

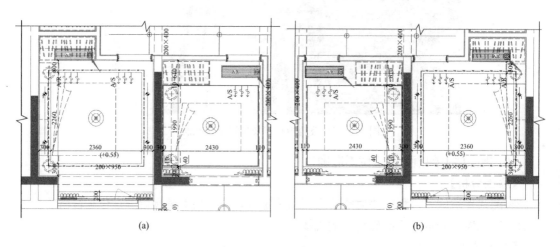

(a)   (b)

图 4.4-18　风机线盒设置

（a）左户型；（b）右户型

12. 灯带顶部预埋线盒位置不合理导致漏线

【原因分析】

预埋线盒位置与灯带投影点位一致时，采用接线 1 会漏线、漏线盒，采用接线 2 会漏线盒，均涉及预埋线盒封堵的问题，且封堵量及难度较大，如图 4.4-20 所示。

图 4.4-19　风机线盒实物

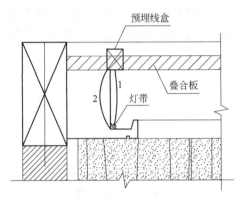

图 4.4-20　灯带顶部线盒位于灯带正上方

【防治措施】

将预埋线盒均靠墙边 100mm 设置可以解决此类问题，如图 4.4-21 所示。

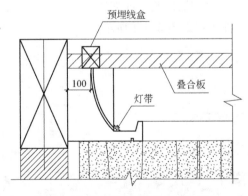

图 4.4-21　灯带顶部线盒靠墙边设置

第5章 装配式建筑工程案例问题剖析

本章结合泰州市五个装配式建筑项目，剖析了目前在图纸设计深度、平面拆分设计以及计算方面存在的问题，以期后续项目设计中能够完善图纸设计深度，同时避免类似设计问题产生。

5.1 案例一

5.1.1 工程概况

本项目位于泰州市海陵区，为装配整体式剪力墙结构，地上6层，地下1层，房屋总高度为19.2m，建筑层高3.15m。结构设计使用年限为50年，抗震设防烈度为7度（0.1g），设计地震分组为第二组。主体结构采用的预制构件有预制叠合板、预制楼梯、预制叠合阳台、预制剪力墙，围护构件采用蒸压轻质加气混凝土墙板、陶粒轻质外围护墙板，装修采用了干法施工楼地面，预制装配率为50.1%，三板应用比例为77.34%。第三层建筑平面如图5.1-1所示，第四层建筑平面如图5.1-2所示，第三层预制构件布置如图5.1-3所示，第四层预制构件布置如图5.1-4所示。

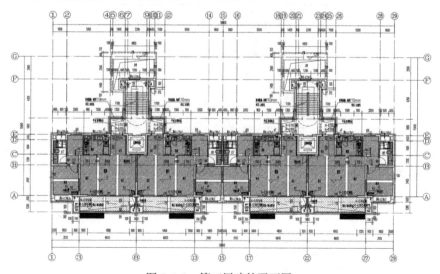

图 5.1-1 第三层建筑平面图

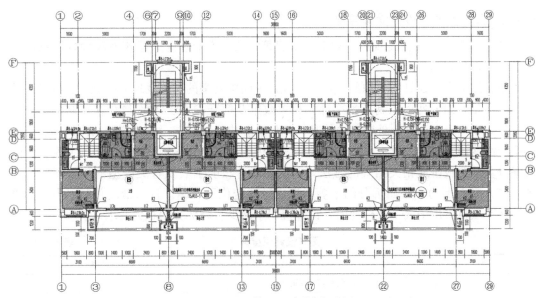

图 5.1-2　第四层建筑平面图

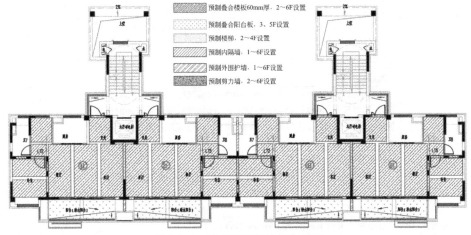

图 5.1-3　第三层预制构件布置图

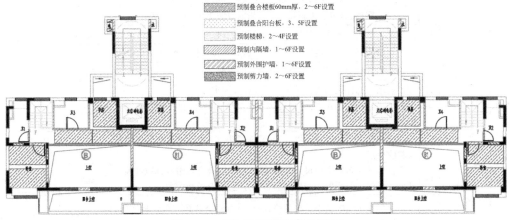

图 5.1-4　第四层预制构件布置图

5.1.2 装配式专项设计文件深度

结合本书附录 A 深度规定，对本项目建筑和结构专业装配式建筑专项设计图纸深度进行评判，见表 5.1-1。

项目图纸中存在具体问题如下：（1）设计说明中列举的国家及地方的规范、标准、政策文件不足，如未列出预制装配率计算相关政策及标准；（2）本项目存在预制外围护构件，建筑立面未表达预制外围护墙体具体部位及分块拼缝；（3）设计说明给出的预制构件类型与结构施工图不一致；（4）仅在设计说明中给出了部分图例说明叠合板端支座、中间支座以及叠合板拼缝相关图集的做法，未给出叠合板明细表及各类版型的模板图与配筋图；（5）预制剪力墙平面拆分图中剪力墙的轴线定位不明确，且未给出预制剪力墙的重量；（6）项目采用干式工法楼地面，设计说明中缺少装修部分的相关要求。

图纸设计深度评判   表 5.1-1

专业	项目	序号	内容	评判	得分
建筑	设计说明	1	国家及地方的规范、标准、政策文件	较完整	3
		2	项目名称、建设单位、建设地点	完整	4
		3	经济技术指标说明，包括混凝土建筑的总建筑面积、单体建筑面积详表、装配式混凝土建筑（地上建筑面积）总应用比例	较完整	3
		4	单体装配式应用楼层、应用部品部件说明；单体预制装配率、"三板"应用比例	完整	4
		5	部品部件材质说明及构造做法	不完整	2
		6	装修设计内容	无	0
	平面图	7	建筑平面图中应表达准确的预制构件（如预制柱、预制剪力墙、预制外墙、预制楼梯、预制阳台、预制凸窗等）应用部位，及预制楼板的板块划分位置。不同类型构件应有不同填充图例样式，并准确表达应用的材质	完整	4
		8	平面图中应表达预留洞、预留管线的位置及尺寸	无	0
	立面图	9	立面图应标示预制构件或成品部件按建筑制图标准规定的不同图例示意，并在建筑立面反映出预制构件板块分块拼缝缝线、装饰缝，包括拼缝分布位置及宽度	无	0
	剖面图	10	剖面图应采用不同图例注明预制构件位置	无	0
结构	设计说明	11	主要荷载（作用）取值，包括采用装配式混凝土建筑结构体系引起的荷载取值变化、地震作用调整系数、预制构件的施工荷载等	完整	4
		12	结构抗震信息，包括预制装配式结构的设防类别、抗震等级等	完整	4
		13	装配式结构所采用的计算分析方法和计算程序	完整	4
		14	主要结构材料中应说明预制构件材料和连接材料种类	完整	4
		15	预制构件种类、常用代码及构件编号的说明	完整	4
		16	预制结构构件钢筋连接接头方式及相关要求	完整	4
		17	装配式结构构件在生产、运输、安装（吊装）阶段的强度和裂缝验算要求	完整	4
		18	预制构件在生产、运输、堆放、安装注意事项，对预制构件提出质量及验收要求	完整	4
	叠合板图纸	19	叠合板平面布置定位尺寸及拼缝宽度尺寸；叠合板编号、厚板（预制部分及后浇部分厚度）、桁架钢筋布置方向、叠合板装配方向	完整	4
		20	叠合板施工图中应表示清楚叠合板与梁墙、叠合板与叠合板之间、叠合板与现浇板之间的连接节点大样，局部升降板的节点大样	不完整	2

续表

专业	项目	序号	内容	评判	得分
结构	预制剪力墙图纸	21	预制墙体平面拆分图应包括定位尺寸、轴线关系，预制剪力墙编号、预制剪力墙重量	完整	4
		22	预制剪力墙暗柱平面图应包括定位尺寸、轴线关系，各预制墙体及现浇墙体的尺寸标注，暗柱编号，墙上开洞等标注	不完整	2
	预制楼梯图纸	23	楼梯结构平面图中应包括平台板的标高、梯梁位置标注、梯段位置标注、梯段编号及相关说明	完整	4
		24	剖面图应表达楼梯梯段配筋，楼梯平台厚度及配筋，梯段尺寸标注	完整	4
		25	预制楼梯节点详图，应注明梯段板端连接方式；节点形式应注明钢筋或预埋件的位置关系	完整	4
合计得分					76
图纸完整性评判等级					一星

注：共25个评分项，满分100分。完整4分，较完整3分，不完整2分，无0分。得分90～100完整性评定为三星级，得分80～90分完整性评定为二星级，得分70～80分完整性评定为一星级，70分以下不达标。

5.1.3 典型问题剖析

项目图纸中存在以下问题或不足之处可进行改进：

（1）楼梯间外凸，水电竖向管线在楼梯间两侧，如图5.1-5所示。如采用预制梯段，梯梁后退，位置正好处于水电井之间，由于预制梯段与现浇梯梁间无法对接管线，管线只能走板底，后期需要吊顶处理。如采用现浇楼梯，电管出电井后采用暗埋，管线可暗埋在平台板、现浇梯段板。

（2）对于140mm厚预制叠合板建议预制层厚度也取60mm，见表5.1-2，尽量放大现浇层净高，方便机电走线。

本项目叠合板明细表　　　　　　　　　　　　　　　　　表 5.1-2

板块编号	所在层号	构件尺寸			配筋表						
		板厚(预制层厚度)h(mm)	实际跨度L(mm)	实际宽度B(mm)	①	②	桁架筋				
							上弦钢筋	下弦钢筋	腹杆钢筋	桁架轮廓高度	桁架筋数量
YSB01	3～5	130(60)	2920	1460	⌀8@100	⌀8@100	⌀8	⌀8	⌀6	80	3
YSB02	3～5	130(60)	2920	1460	⌀8@100	⌀8@100	⌀8	⌀8	⌀6	80	3
YSB03	3～5	130(60)	2820	2020	⌀8@200	⌀8@200	⌀8	⌀8	⌀6	90	4
YSB04	3～5	140(70)	4420	1940	⌀10@150	⌀10@150	⌀10	⌀8	⌀6	80	3
YSB05	3～5	130(60)	2020	1820	⌀8@200	⌀8@200	⌀8	⌀8	⌀6	80	4
YSB06	3～5	140(70)	4420	1940	⌀10@150	⌀10@150	⌀10	⌀8	⌀6	90	4
YSB07	3～5	140(70)	4420	1940	⌀10@150	⌀10@150	⌀10	⌀8	⌀6	90	4
YSB08	3～5	130(60)	1320	1020	⌀8@200	⌀8@200	⌀8	⌀8	⌀6	90	3
YSB09	3～5	130(60)	2020	1820	⌀8@200	⌀8@200	⌀8	⌀8	⌀6	90	4
YYT01	3～5	130(60)	2705	1620	⌀8@200	⌀8@200	⌀8	⌀8	⌀6	90	4
YYT02	3～5	130(60)	2705	1620	⌀8@200	⌀8@200	⌀8	⌀8	⌀6	90	3
YSB01F	3～5	130(60)	2920	1460	⌀8@200	⌀8@200	⌀8	⌀8	⌀6	80	3
YSB02F	3～5	130(60)	2920	1460	⌀8@200	⌀8@200	⌀8	⌀8	⌀6	80	3

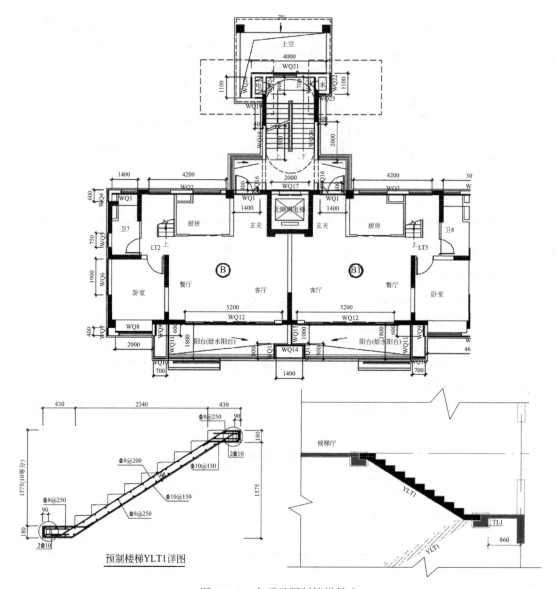

图 5.1-5 本项目预制楼梯做法

（3）叠合板板缝尺寸过小或钢筋直径过大，造成钢筋搭接长度不足（如图 5.1-6 所示，接缝宽度为 300mm，钢筋直径为 10mm），对于 C30 混凝土/HRB400 钢筋，搭接长度一般为 35d，钢筋直径取 10mm 时，板缝应大于 350mm。

（4）偶数层叠合板布置中，走道部分 YSB04、YSB05 等建议采用双向板连接设计，避免单向板 40mm 拼缝处存在开裂风险，如图 5.1-7 所示。同时此处大开洞，建议板厚、配筋加强。

（5）受结构方案限制，预制剪力墙个别墙肢拆分过小且类别较多，如图 5.1-8 所示。结构方案设计阶段尽可能考虑后期墙板的拆分需求，优化拆分模式，减小预制墙板的种类。

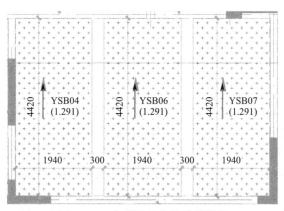

图 5.1-6　本项目叠合板接缝宽度

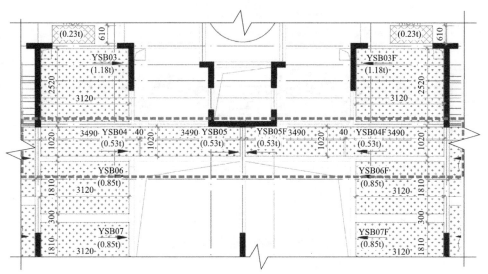

图 5.1-7　走道部分预制叠合板布置

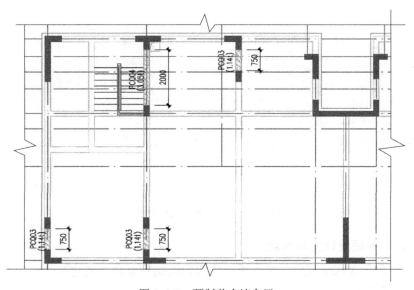

图 5.1-8　预制剪力墙布置

5.2 案例二

5.2.1 工程概况

本项目位于泰州市海陵区，为装配整体式剪力墙结构，地上 18 层，地下 1 层，房屋总高度为 52.35m，建筑层高 2.9m。结构设计使用年限为 50 年，抗震设防烈度为 7 度（0.1g），设计地震分组为第二组。主体结构采用的预制构件有预制叠合板、预制楼梯、预制叠合阳台、预制剪力墙，围护构件采用预制蒸压轻质加气混凝土墙板，装修采用了干法施工楼地面，预制装配率为 52%，"三板"应用比例为 90.76%。其中某标准层平面布置如图 5.2-1 所示，叠合板平面拆分如图 5.2-2 所示，预制剪力墙布置如图 5.2-3 所示。

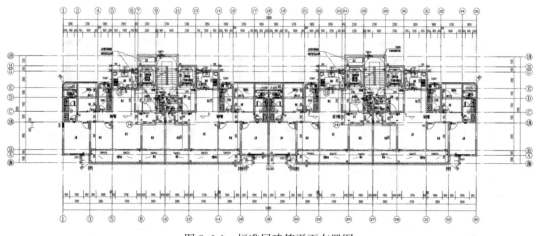

图 5.2-1　标准层建筑平面布置图

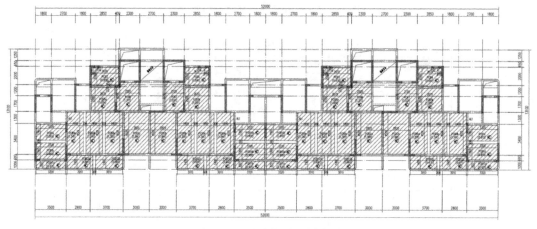

图 5.2-2　叠合板平面拆分图

5.2.2 装配式专项设计文件深度

结合本书附录 A 深度规定，对本项目建筑和结构专业装配式建筑专项设计图纸深度进行评判，见表 5.2-1。

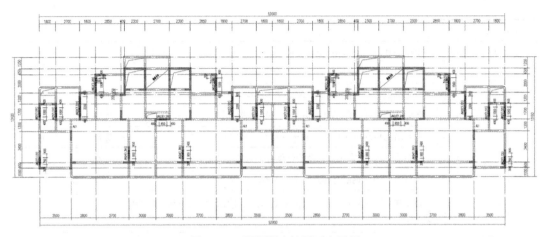

图 5.2-3 预制剪力墙平面布置图

本项目装配式建筑专项设计资料及图纸存在以下问题：（1）装配式建筑专项说明中缺少项目的经济技术指标介绍；（2）建筑立面未反映出预制构件板块分块拼缝缝线、装饰缝，包括拼缝分布位置及宽度；（3）平面图中无预留洞、预留管线的位置及尺寸；（4）剖面图中无标注预制构件的位置；（5）隔墙采用蒸压轻质加气混凝土墙板，设计说明中缺少部品部件材质说明及相关构造做法；（6）剖面图未图示预制剪力墙、预制（叠合）楼板、预制楼梯、预制阳台等预制构件；（7）叠合板施工图仅有拆分图，未有节点大样图；（8）计算预制装配率时存在图算不一致的情况。

图纸设计深度评判   表 5.2-1

专业	项目	序号	内容	评判	得分
建筑	设计说明	1	国家及地方的规范、标准、政策文件	不完整	2
		2	项目名称、建设单位、建设地点	完整	4
		3	经济技术指标说明，包括混凝土建筑的总建筑面积、单体建筑面积详表、装配式混凝土建筑(地上建筑面积)总应用比例	不完整	2
		4	单体装配式应用楼层、应用部品部件说明；单体预制装配率、"三板"应用比例	较完整	3
		5	部品部件材质说明及构造做法	不完整	2
		6	装修设计内容	无	0
	平面图	7	建筑平面图中应表达准确的预制构件(如预制柱、预制剪力墙、预制外墙、预制楼梯、预制阳台、预制凸窗等)应用部位，及预制楼板的板块划分位置。不同类型构件应有不同填充图例样式，并准确表达应用的材质	完整	4
		8	平面图中应表达预留洞、预留管线的位置及尺寸	无	0
	立面图	9	立面图应标明预制构件或成品部件按建筑制图标准规定的不同图例示意，并在建筑立面反映出预制构件板块分块拼缝缝线、装饰缝，包括拼缝分布位置及宽度	无	0
	剖面图	10	剖面图应采用不同图例注明预制构件位置	无	0

续表

专业	项目	序号	内容	评判	得分
结构	设计说明	11	主要荷载(作用)取值,包括采用装配混凝土建筑结构体系引起的荷载取值变化、地震作用调整系数、预制构件的施工荷载等	完整	4
		12	结构抗震信息,包括预制装配式结构的设防类别、抗震等级等	完整	4
		13	装配式结构所采用的计算分析方法和计算程序	完整	4
		14	主要结构材料中应说明预制构件材料和连接材料种类	完整	4
		15	预制构件种类、常用代码及构件编号的说明	完整	4
		16	预制结构构件钢筋连接接头方式及相关要求	完整	4
		17	装配式结构构件在生产、运输、安装(吊装)阶段的强度和裂缝验算要求	完整	4
		18	预制构件在生产、运输、堆放、安装注意事项,对预制构件提出质量及验收要求	完整	4
	叠合板图纸	19	叠合板平面布置定位尺寸及拼缝宽度尺寸;叠合板编号、厚板(预制部分及后浇部分厚度)、桁架钢筋布置方向、叠合板装配方向	完整	4
		20	叠合板施工图中应表示清楚叠合板与梁墙、叠合板与叠合板之间、叠合板与现浇板之间的连接节点大样,局部升降板的节点大样	不完整	2
	预制剪力墙图纸	21	预制墙体平面拆分图应包括定位尺寸、轴线关系,预制剪力墙编号、预制剪力墙重量	完整	4
		22	预制层剪力墙暗柱平面图应包括定位尺寸、轴线关系,各预制墙体及现浇墙体的尺寸标注,暗柱编号,墙上开洞等标注	不完整	2
	预制楼梯图纸	23	楼梯结构平面图中应包括平台板的标高、梯梁位置标注、梯段位置标注、梯段编号及相关说明	完整	4
		24	剖面图应表达楼梯梯段配筋,楼梯平台厚度及配筋,梯段尺寸标注	完整	4
		25	预制楼梯节点详图,应注明梯段板端连接方式;节点形式应注明钢筋或预埋件的位置关系	较完整	3
合计得分					72
图纸完整性评判等级					一星

注:共25个问题,满分100分。完整4分,较完整3分,不完整2分,无0分。得分90~100分完整性评定为三星级,得分80~90分完整性评定为二星级,得分70~80分完整性评定为一星级,70分以下不达标。

5.2.3 典型问题剖析

项目图纸中存在以下问题或不足之处可进行改进:

(1)预制剪力墙平面拆分图纸表达内容比较完整,但左右镜像关系的剪力墙应区分编号(如图 5.2-4 所示,左右镜像剪力墙未区分编号)。

(2)本项目叠合板拆分种类较多,如图 5.2-5 所示。叠合板的布置可通过改变后浇带板缝减少板的类别。

(3)计算书中结构未按照装配式进行计算,当同一层内既有预制又有现浇抗侧力构件时,未对现浇部分构件的剪力和弯矩进行放大。

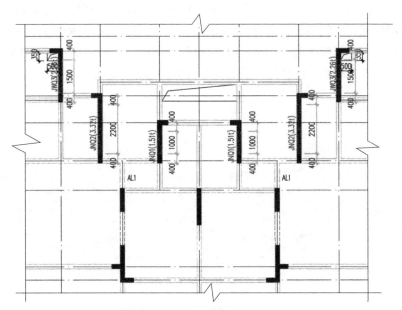

图 5.2-4　剪力墙编号

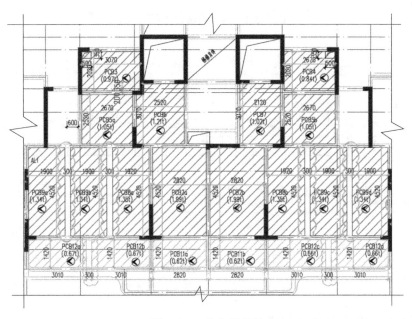

图 5.2-5　叠合板布置

5.3　案例三

5.3.1　工程概况

本项目位于泰州市海陵区，为装配整体式剪力墙结构，地上 20 层，地下 1 层，房屋总高度为 63.4m，建筑层高 2.95m。结构设计使用年限为 50 年，抗震设防烈度为 7 度

（0.1g），设计地震分组为第二组。主体结构构件包括预制叠合楼板（含阳台板）、预制内剪力墙、预制楼梯；内隔墙为钢筋陶粒混凝土轻质墙板及 ALC 内墙板；采用全装修及干式工法楼地面。预制装配率为 50.51%，"三板"应用比例为 60.91%。其中某标准层水平构件布置如图 5.3-1 所示，预制剪力墙平面布置如图 5.3-2 所示。

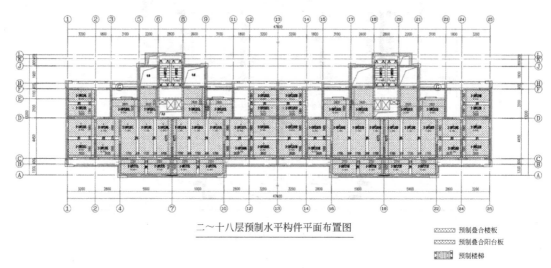

二～十八层预制水平构件平面布置图

▨▨▨ 预制叠合楼板
▨▨▨ 预制叠合阳台板
▥▥▥ 预制楼梯

图 5.3-1　水平预制构件布置图

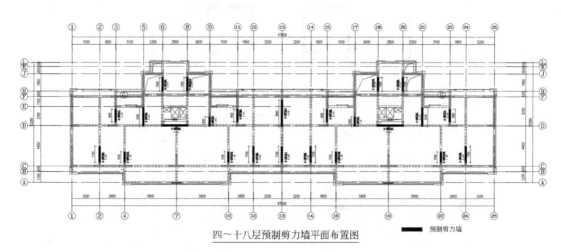

四～十八层预制剪力墙平面布置图

▬▬ 预制剪力墙

图 5.3-2　预制剪力墙平面布置图

5.3.2　装配式专项设计文件深度

结合本书附录 A 深度规定，对本项目建筑和结构专业装配式建筑专项设计图纸深度进行评判，见表 5.3-1。

图纸中存在具体问题如下：（1）建筑立面未反映出预制构件板块分块拼缝缝线、装饰缝，包括拼缝分布位置及宽度；（2）平面图中无预留洞、预留管线的位置及尺寸；（3）剖面图中无标注预制构件的位置；（4）预制构件平面图中，无节点索引、无构件明细表等，部分工程节点索引与详图无明确关系；（5）未提供各类典型预制构件模板图和预制构件配筋图；（6）预制构件未进行脱模、运输、吊装等短暂设计状况下施工验算；（7）叠合板无版型统计表及配筋构造；（8）无预制阳台的构件大样图。

图纸设计深度评判　　　　　　　　　　　　　　　　　　　　表 5.3-1

专业	项目	序号	内容	评判	得分
建筑	设计说明	1	国家及地方的规范、标准、政策文件	较完整	3
		2	项目名称、建设单位、建设地点	完整	4
		3	经济技术指标说明，包括混凝土建筑的总建筑面积、单体建筑面积详表、装配式混凝土建筑(地上建筑面积)总应用比例	不完整	2
		4	单体装配式应用楼层、应用部品部件说明；单体预制装配率、"三板"应用比例	较完整	3
		5	部品部件材质说明及构造做法	不完整	2
		6	装修设计内容	无	0
	平面图	7	建筑平面图中应表达准确的预制构件(如预制柱、预制剪力墙、预制外墙、预制楼梯、预制阳台、预制凸窗等)应用部位，及预制楼板的板块划分位置。不同类型构件应有不同填充图例样式，并准确表达应用的材质	完整	4
		8	平面图中应表达预留洞、预留管线的位置及尺寸	无	0
	立面图	9	立面图应标明预制构件或成品部件按建筑制图标准规定的不同图例示意，并在建筑立面反映出预制构件板块分块拼缝缝线、装饰缝，包括拼缝分布位置及宽度	无	0
	剖面图	10	剖面图应采用不同图例注明预制构件位置	无	0
结构	设计说明	11	主要荷载(作用)取值，包括采用装配式混凝土建筑结构体系引起的荷载取值变化、地震作用调整系数、预制构件的施工荷载等	较完整	3
		12	结构抗震信息，包括预制装配式结构的设防类别、抗震等级等	完整	4
		13	装配式结构所采用的计算分析方法和计算程序	完整	4
		14	主要结构材料中应说明预制构件材料和连接材料种类	不完整	2
		15	预制构件种类、常用代码及构件编号的说明	完整	4
		16	预制结构构件钢筋连接接头方式及相关要求	较完整	3
		17	装配式结构构件在生产、运输、安装(吊装)阶段的强度和裂缝验算要求	不完整	2
		18	预制构件在生产、运输、堆放、安装注意事项，对预制构件提出质量及验收要求	较完整	3
	叠合板图纸	19	叠合板平面布置定位尺寸及拼缝宽度尺寸；叠合板编号、厚板(预制部分及后浇部分厚度)、桁架钢筋布置方向、叠合板装配方向	完整	4
		20	叠合板施工图中应表示清楚叠合板与梁墙、叠合板与叠合板之间、叠合板与现浇板之间的连接节点大样，局部升降板的节点大样	不完整	2
	预制剪力墙图纸	21	预制墙体平面拆分图应包括定位尺寸、轴线关系，预制剪力墙编号、预制剪力墙重量	完整	4
		22	预制层剪力墙暗柱平面图应包括定位尺寸、轴线关系，各预制墙体及现浇墙体的尺寸标注，暗柱编号，墙上开洞等标注	无	2

专业	项目	序号	内容	评判	得分
结构	预制楼梯图纸	23	楼梯结构平面图中应包括平台板的标高、梯梁位置标注、梯段位置标注、梯段编号及相关说明	较完整	3
		24	剖面图应表达楼梯梯段配筋,楼梯平台厚度及配筋,梯段尺寸标注	完整	4
		25	预制楼梯节点详图,应注明梯段板端连接方式;节点形式应注明钢筋或预埋件的位置关系	较完整	3
合计得分					65
图纸完整性评判等级					不达标

注：共25个问题，满分100分。完整4分，较完整3分，不完整2分，无0分。得分90～100分完整性评定为三星级，得分80～90分完整性评定为二星级，得分70～80分完整性评定为一星级，70分以下不达标。

5.3.3 典型问题剖析

项目图纸中存在以下问题或不足之处可进行改进：

（1）预制墙体位于楼梯间及电梯井之间，墙体两侧无楼板支撑，受力不利，如图5.3-3所示。墙体的无墙肢长度大，墙体平面外的稳定性不易保证，采用预制墙体时应加强预制墙板的构造要求，连接构造除满足承载力要求外，尚应满足墙体平面外稳定性要求。建议此处采用现浇结构，有利于保证结构的抗震性能。

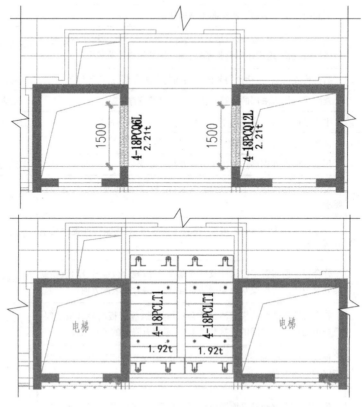

图 5.3-3 楼梯间两侧预制墙体

（2）T 字形构件拆分不合理（图 5.3-4），且单个构件拆分质量过大。

（3）预制内墙采用了 ALC 板及陶粒板两种类型（图 5.3-5），且两种板材有交接节点，设计中不常见此种做法，在大样图中应给出两种不同墙体连接构造做法。

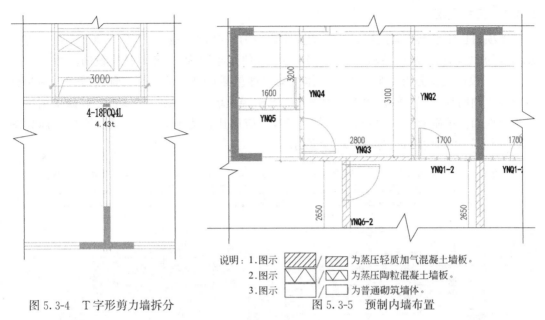

图 5.3-4　T 字形剪力墙拆分

说明：1. 图示 □ / □ 为蒸压轻质加气混凝土墙板。
　　　2. 图示 □ / □ 为蒸压陶粒混凝土墙板。
　　　3. 图示 □ / □ 为普通砌筑墙体。

图 5.3-5　预制内墙布置

（4）ALC 板墙体节点竖装时，宽度小于等于 1500mm 的门洞门头采用内墙横装板（图 5.3-6）。这种结构设计容易造成内墙横装板与门洞两侧内墙竖装板处开裂，装门后门洞两侧板材受外力影响，内墙横装板与内墙竖装板之间的板缝容易贯穿裂缝。

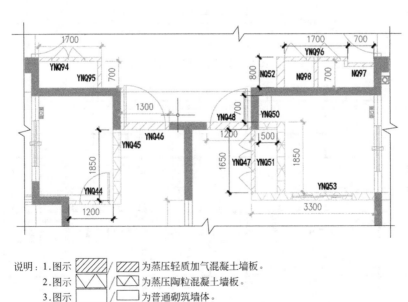

说明：1. 图示 □ / □ 为蒸压轻质加气混凝土墙板。
　　　2. 图示 □ / □ 为蒸压陶粒混凝土墙板。
　　　3. 图示 □ / □ 为普通砌筑墙体。

图 5.3-6　门洞预制内墙布置

5.4 案例四

5.4.1 工程概况

本项目位于泰州市海陵区，为装配整体式剪力墙结构，地上13层，地下1层，房屋总高度为39.00m，建筑层高3.00m。结构设计使用年限为50年，抗震设防烈度为7度（0.1g），设计地震分组为第二组。主体结构构件包括预制内剪力墙、预制楼梯、预制叠合楼板、预制叠合阳台板；内隔墙为陶粒混凝土轻质墙板或ALC内墙板；装修采用干式工法楼地面。预制装配率为50.71%，"三板"应用比例为85.56%。某标准层平面如图5.4-1所示，预制构件布置如图5.4-2所示。

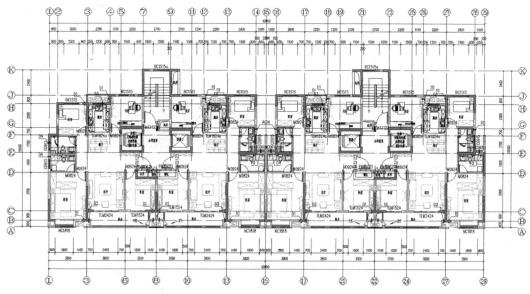

图 5.4-1 标准层平面图

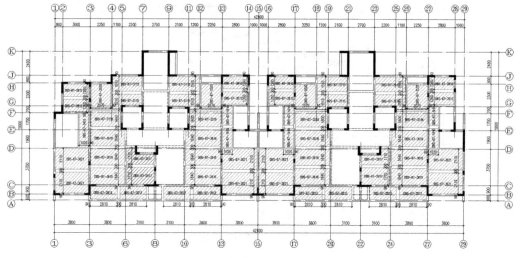

图 5.4-2 标准层预制构件布置图

5.4.2　装配式专项设计文件深度

结合本书附录 A 深度规定,对本项目建筑和结构专业装配式建筑专项设计图纸深度进行评判,见表 5.4-1。

本项目在装配式建筑图纸设计深度上存在以下问题:(1)墙身大样详图、平面放大详图未表达预制构件与主体现浇之间以及预制构件之间水平、竖向构造关系;(2)未明确项目中选用套筒的材质、规格,未明确项目中选用的封缝料和分仓料的材料、规格和物理性能指标;(3)缺少预制构件的模板图及配筋图;(4)缺少预制构件的连接节点大样图;(5)预制构件的平面布置图无节点索引;(6)缺少建筑、机电、装修等专业在预制构件上的预留洞口、预埋管线和连接件。

图纸设计深度评判　　　　　　　　　　　　　　表 5.4-1

专业	项目	序号	内容	评判	得分
建筑	设计说明	1	国家及地方的规范、标准、政策文件	不完整	3
		2	项目名称、建设单位、建设地点	完整	4
		3	经济技术指标说明,包括混凝土建筑的总建筑面积、单体建筑面积详表、装配式混凝土建筑(地上建筑面积)总应用比例	不完整	2
		4	单体装配式应用楼层、应用部品部件说明;单体预制装配率、"三板"应用比例	完整	4
		5	部品部件材质说明及构造做法	较完整	3
		6	装修设计内容	无	0
	平面图	7	建筑平面图中应表达准确的预制构件(如预制柱、预制剪力墙、预制外墙、预制楼梯、预制阳台、预制凸窗等)应用部位,及预制楼板的板块划分位置。不同类型构件应有不同填充图例样式,并准确表达应用的材质	完整	4
		8	平面图中应表达预留洞、预留管线的位置及尺寸	无	0
	立面图	9	立面图应标明预制构件或成品部件按建筑制图标准规定的不同图例示意,并在建筑立面反映出预制构件板块分块拼缝缝线、装饰缝,包括拼缝分布位置及宽度	无	0
	剖面图	10	剖面图应采用不同图例注明预制构件位置	无	0
结构	设计说明	11	主要荷载(作用)取值,包括采用装配式混凝土建筑结构体系引起的荷载取值变化、地震作用调整系数、预制构件的施工荷载等	较完整	3
		12	结构抗震信息,包括预制装配式结构的设防类别、抗震等级等	完整	4
		13	装配式结构所采用的计算分析方法和计算程序	完整	4
		14	主要结构材料中应说明预制构件材料和连接材料种类	完整	4
		15	预制构件种类、常用代码及构件编号的说明	完整	4
		16	预制结构构件钢筋连接接头方式及相关要求	完整	4
		17	装配式结构构件在生产、运输、安装(吊装)阶段的强度和裂缝验算要求	较完整	3
		18	预制构件在生产、运输、堆放、安装注意事项,对预制构件提出质量及验收要求	较完整	2

续表

专业	项目	序号	内容	评判	得分
结构	叠合板图纸	19	叠合板平面布置定位尺寸及拼缝宽度尺寸；叠合板编号、厚板（预制部分和后浇部分厚度）、桁架钢筋布置方向、叠合板装配方向	完整	4
		20	叠合板施工图中应表示清楚叠合板与梁墙、叠合板与叠合板之间、叠合板与现浇板之间的连接节点大样，局部升降板的节点大样	不完整	2
	预制剪力墙图纸	21	预制墙体平面拆分图应包括定位尺寸、轴线关系，预制剪力墙编号、预制剪力墙重量	完整	4
		22	预制层剪力墙暗柱平面图应包括定位尺寸、轴线关系，各预制墙体及现浇墙体的尺寸标注，暗柱编号、墙上开洞等标注	不完整	2
	预制楼梯图纸	23	楼梯结构平面图中应包括平台板的标高、梯梁位置标注、梯段位置标注、梯段编号及相关说明	较完整	3
		24	剖面图应表达楼梯梯段配筋，楼梯平台厚度及配筋，梯段尺寸标注	完整	4
		25	预制楼梯节点详图，应注明梯段板端连接方式；节点形式应注明钢筋或预埋件的位置关系	较完整	3
合计得分					70
图纸完整性评判等级					一星

注：共 25 个问题，满分 100 分。完整 4 分，较完整 3 分，不完整 2 分，无 0 分。得分 90～100 分完整性评定为三星级，得分 80～90 分完整性评定为二星级，得分 70～80 分完整性评定为一星级，70 分以下不达标。

5.4.3 典型问题剖析

项目图纸中存在以下问题或不足之处可进行改进：

（1）叠合板编码规则比较繁琐（图 5.4-3），且对于点位不同或者有镜像关系的楼板无法区分，不利于生产加工时辨认，一般住区按楼栋有不同的户型组合形式，建议预制板编号时以户型为单元进行编号，便于后期构件出图。

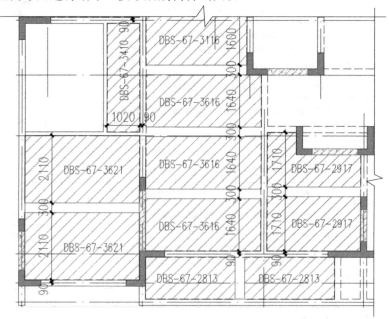

图 5.4-3 叠合板编码

（2）结构计算时，未考虑预制非承重外围护墙体对结构刚度的影响，未考虑周期折减系数。

5.5 案例五

5.5.1 工程概况

本项目位于泰州市海陵区，为装配整体式剪力墙结构，地上17层，地下1层，房屋总高度为52.85m，建筑层高3.05m。结构设计使用年限为50年，抗震设防烈度为7度（0.1g），设计地震分组为第二组。主体结构构件包括预制剪力墙、预制楼梯、预制叠合楼板、预制叠合阳台板；内隔墙为ALC内墙板；装修采用干式工法楼地面。预制装配率为50.0%，"三板"应用比例为85.73%。其中某标准层平面如图5.5-1所示，叠合板布置如图5.5-2所示，预制剪力墙布置如图5.5-3所示。

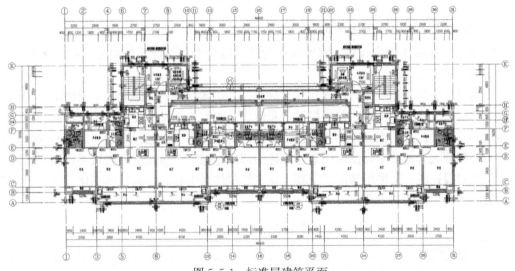

图 5.5-1 标准层建筑平面

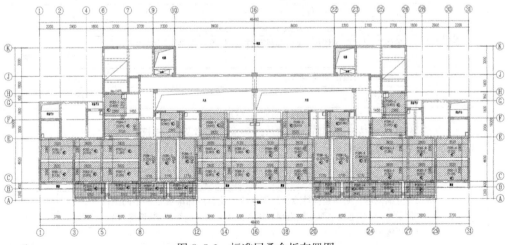

图 5.5-2 标准层叠合板布置图

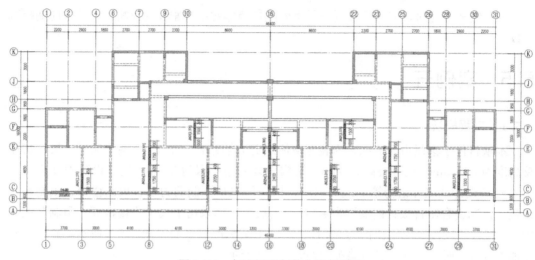

图 5.5-3　标准层预制剪力墙布置图

5.5.2　装配式专项设计图纸深度

结合本书附录 A 深度规定，对本项目建筑和结构专业装配式建筑专项设计图纸深度进行评判，见表 5.5-1。

本项目在装配式建筑图纸设计深度上存在以下问题：（1）建筑立面未反映出预制构件板块分块拼缝缝线、装饰缝，包括拼缝分布位置及宽度；（2）平面图中无预留洞、预留管线的位置及尺寸；（3）剖面图中无标注预制构件的位置；（4）总说明中预制装配率计算表中显示采用管线分离技术，图纸中未注明使用部位；（5）无预制剪力墙顶部后浇圈梁的平面定位及索引；（6）未采用装配式混凝土建筑结构体系引起的荷载取值变化、地震作用调整系数、预制构件的施工荷载等。

图纸设计深度评判　　　　　　　　　　　　　　　　　　　表 5.5-1

专业	项目	序号	内容	评判	得分
建筑	设计说明	1	国家及地方的规范、标准、政策文件	较完整	3
		2	项目名称、建设单位、建设地点	完整	4
		3	经济技术指标说明，包括混凝土建筑的总建筑面积、单体建筑面积详表、装配式混凝土建筑(地上建筑面积)总应用比例	较完整	3
		4	单体装配式应用楼层，应用部品部件说明；单体预制装配率、"三板"应用比例	较完整	3
		5	部品部件材质说明及构造做法	较完整	3
		6	装修设计内容	无	0
	平面图	7	建筑平面图中应表达准确的预制构件(如预制柱、预制剪力墙、预制外墙、预制楼梯、预制阳台、预制凸窗等)应用部位，及预制楼板的板块划分位置。不同类型构件应有不同填充图例样式，并准确表达应用的材质	完整	4
		8	平面图中应表达预留洞、预留管线的位置及尺寸	无	0
	立面图	9	立面图应标明预制构件或成品部件按建筑制图标准规定的不同图例示意，并在建筑立面反映出预制构件板块分块拼缝缝线、装饰缝，包括拼缝分布位置及宽度	无	0
	剖面图	10	剖面图应采用不同图例注明预制构件位置	无	0

续表

专业	项目	序号	内容	评判	得分
结构	设计说明	11	主要荷载(作用)取值,包括采用装配式混凝土建筑结构体系引起的荷载取值变化、地震作用调整系数、预制构件的施工荷载等	较完整	3
		12	结构抗震信息,包括预制装配式结构的设防类别、抗震等级等	完整	4
		13	装配式结构所采用的计算分析方法和计算程序	完整	4
		14	主要结构材料中应说明预制构件材料和连接材料种类	完整	4
		15	预制构件种类、常用代码及构件编号的说明	完整	4
		16	预制结构构件钢筋连接接头方式及相关要求	不完整	2
		17	装配式结构构件在生产、运输、安装(吊装)阶段的强度和裂缝验算要求	较完整	3
		18	预制构件在生产、运输、堆放、安装注意事项,对预制构件提出质量及验收要求	较完整	2
	叠合板图纸	19	叠合板平面布置定位尺寸及拼缝宽度尺寸;叠合板编号、厚板(预制部分及后浇部分厚度)、桁架钢筋布置方向、叠合板装配方向	完整	4
		20	叠合板施工图中应表示清楚叠合板与梁墙、叠合板与叠合板之间、叠合板与现浇板之间的连接节点大样,局部升降板的节点大样	不完整	2
	预制剪力墙图纸	21	预制墙体平面拆分图应包括定位尺寸、轴线关系,预制剪力墙编号、预制剪力墙重量	完整	4
		22	预制层剪力墙暗柱平面图应包括定位尺寸、轴线关系,各预制墙体及现浇墙体的尺寸标注,暗柱编号,墙上开洞等标注	不完整	2
	预制楼梯图纸	23	楼梯结构平面图中应包括平台板的标高、梯梁位置标注、梯段位置标注、梯段编号及相关说明	完整	4
		24	剖面图应表达楼梯段配筋、楼梯平台厚度及配筋、梯段尺寸标注	完整	4
		25	预制楼梯节点详图,应注明梯段板端连接方式;节点形式应注明钢筋或预埋件的位置关系	较完整	3
合计得分					69
图纸完整性评判等级					不达标

注:共 25 个问题,满分 100 分。完整 4 分,较完整 3 分,不完整 2 分,无 0 分。得分 90~100 分完整性评定为三星级,得分 80~90 分完整性评定为二星级,得分 70~80 分完整性评定为一星级,70 分以下不达标。

5.5.3 典型问题剖析

项目图纸中存在以下问题或不足之处可进行改进:

(1) 建筑开间尺寸较多,造成叠合板种类繁多,标准化程度较低。

(2) 连廊中部框架柱约束作用较弱(图 5.5-4),配筋除了满足弹性状态设计要求外,建议做屈曲分析及大震弹塑性分析。

(3) 异形板处使用 130mm(60mm+70mm 现浇)厚叠合板,板厚较小,阳角处大量使用放射筋,如图 5.5-5 所示,无法保证放射筋钢筋保护层厚度,建议采用暗梁。

(4) 剪力墙拆分比较随意,如图 5.5-6 所示。建议尽可能归并预制墙体长度或仅端部留出 400mm 后浇暗柱,其余部分预制。

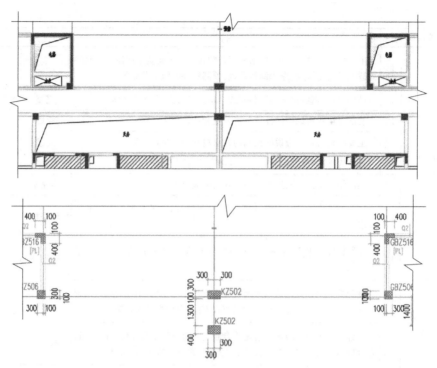

图 5.5-4 连廊部分结构布置图

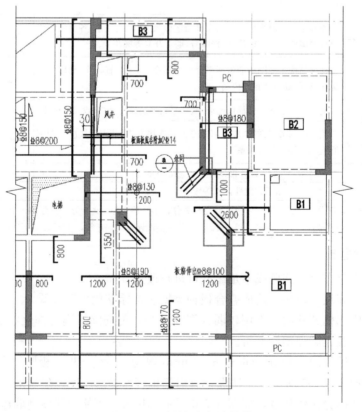

图 5.5-5 异形板角部放射筋

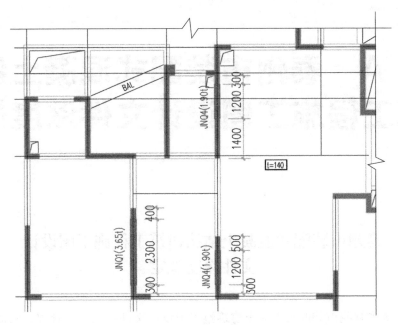

图 5.5-6　剪力墙拆分

附录 A 泰州市装配式混凝土结构建筑工程施工图设计文件深度规定

泰州市装配式混凝土结构建筑工程施工图设计文件深度规定

1 总则

1.0.1 为加强我市装配式混凝土建筑施工图设计文件编制工作管理，保证装配式混凝土建筑设计的质量和完整性，特制定本规定。

1.0.2 本规定适合于本市范围新建、改建的装配式混凝土建筑工程设计。

1.0.3 装配式混凝土建筑施工图设计除应满足设计和构造要求外，其设计内容和深度还应满足深化设计、设备材料采购、制作和施工的需求。

1.0.4 涉及装配式混凝土建筑的专业设计文件，其设计说明应有装配式混凝土建筑专项设计说明。

1.0.5 本深度规定对设计文件编制深度的要求具有通用性。特殊项目执行本规定时，可根据实际情况进行合理调整，但需进行专家论证。

2 建筑设计文件

2.1 设计说明

2.1.1 应有与装配式混凝土建筑设计有关的国家及地方的规范、标准、政策文件等。

2.1.2 应有项目名称、建设单位、建设地点及主要技术经济指标。

2.1.3 应有采用装配式混凝土建筑的总建筑面积、单体建筑面积详表、装配式混凝土建筑（地上建筑面积）总应用比例；应有单体装配式应用楼层、应用部品部件说明；单体预制装配率、"三板"应用比例。

2.1.4 部品部件材质说明及构造做法。

1 预制外墙外饰面材质说明及构造做法；

2 预制楼梯面层材质说明及构造做法；

3 非承重外墙非砌筑、内隔墙非砌筑材料说明及构造做法；

4 围护墙、保温（隔热）、装饰一体化及内隔墙、管线、装修一体化墙体的材料说明及构造做法。

2.1.5 应有装修设计内容，明确各功能空间建筑装修材料表（包含楼地面、墙面、顶棚、门窗的建筑做法），装配式内装部品的选用以及构件、部品与主体的连接方式等。

2.1.6　应有与装配式混凝土建筑节能设计相关的材料说明及构造做法。

2.1.7　应有装配式混凝土建筑设计相关的防水、防火、隔声、抗裂等主要的通用构造节点详图。

2.2　总平面

2.2.1　在总平面图中应用不同的图例标示采用装配式技术的建筑物，并阐述装配建造方案，特殊预制构件应重点说明。

2.2.2　说明项目实施装配式混凝土的建筑单体的分布情况，各建筑单体的建筑面积统计。

2.2.3　预制构件运输、存放与总平面布置相关的问题。

2.3　平面图

2.3.1　建筑平面图中应表达准确的预制构件（如预制柱、预制剪力墙、预制外墙、预制楼梯、预制阳台、预制凸窗等）应用部位，及预制楼板的板块划分位置。

2.3.2　不同类型构件应用不同填充图例样式，并准确表达应用的材质，便于审查与施工。

2.3.3　平面图中应表达预留洞、预留管线的位置及尺寸。

2.3.4　平面图中应表达集成厨房、集成卫生间的相关内容，并预留出相应安装尺寸。

2.4　立面图与剖面图

2.4.1　立面图应标明预制构件或成品部件按建筑制图标准规定的不同图例示意，并在建筑立面反映出预制构件板块分块拼缝缝线、装饰缝，包括拼缝分布位置及宽度。

2.4.2　立面图应表达饰面做法。当预制外墙为反打面砖或石材时，应标明其铺贴排布方式。

2.4.3　立面图应示意外墙留洞。

2.4.4　剖面图应采用不同图例注明预制构件位置。

2.5　详图

2.5.1　户型大样图应表达剪力墙及装配式墙板布置，并对不同墙体进行有效区分。

2.5.2　户型大样图应表达机电点位布置，并对相应布置进行精确定位。

2.5.3　户型大样图应表达各类预留管线、孔洞（如空调孔、雨水管、太阳能管线、风道、排水管线等）位置及定位。

2.5.4　楼梯大样图应表达预制梯段位置、尺寸。

2.5.5　楼梯大样图应表达预制楼梯构造措施，如滴水做法、预制部分与现浇部分交接构造等。

2.5.6　墙身节点图应有各部位通用节点图，如装配式外墙水平缝、垂直缝防水节点构造详图，窗口防渗构造详图，墙体抗裂措施构造详图等。

2.5.7　墙身节点图应在墙身节点图中表达不同部位预制构件应用范围及做法，并表达具体防水、防火、隔声等做法。

2.5.8　墙身节点图应在墙身节点图中表达预制构件与现浇混凝土部分的关系。

3　结构设计文件

3.1　设计说明

3.1.1　应有设计所执行与装配式混凝土结构有关的国家及地方的规范、标准、政策文件等。

3.1.2 工程概况中应给出采用装配式混凝土建筑的结构类型，各单体采用的预制构件类型及布置情况。

3.1.3 应有主要荷载（作用）取值，包括采用装配式混凝土建筑结构体系引起的荷载取值变化、地震作用调整系数、预制构件的施工荷载等。

3.1.3 应有结构抗震信息，包括预制装配式结构的设防类别、抗震等级等。

3.1.4 说明装配式结构所采用的计算分析方法和计算程序。

3.1.5 主要结构材料中应说明预制构件材料和连接材料种类：

1 预制构件采用的混凝土强度等级、防水混凝土的抗渗等级、轻骨料混凝土的密度等级，注明混凝土耐久性的基本要求；

2 预制构件采用的钢材牌号、钢筋种类钢绞线或高强钢丝种类、对应的产品标准以及抗震设计对材料屈强比等性能的要求；

3 连接材料的种类及要求。包括连接套筒、浆锚金属波纹管、冷挤压接头性能等级要求、水泥基灌浆料性能指标、螺栓材料及规格接缝材料、接缝密封材料及其他连接方式所用材料等。

3.1.6 应有预制构件种类、常用代码及构件编号的说明。

3.1.7 应有预制结构构件钢筋连接接头方式及相关要求。

3.1.8 明确装配式结构构件在生产、运输、安装（吊装）阶段的强度和裂缝验算要求；并提出预制构件在生产、运输、堆放、安装过程中的注意事项，对预制构件提出质量及验收要求。

3.2 设计图纸

3.2.1 预制剪力墙平面布置图及相关连接节点大样图应符合下列规定：

1 首层预制墙体钢筋插筋平面图应包括定位尺寸、轴线关系，预制剪力墙钢筋插筋定位，插筋直径，插筋长度；平面图应附有插筋定位措施、现浇层顶预留插筋节点详图、甩筋定位示意图、预制剪力墙连接大样、预制剪力墙与现浇层连接大样；

2 预制墙体支撑预埋件布置平面图应包括定位尺寸、轴线关系，注明规格、型号、性能等要求；

3 预制墙体平面拆分图应包括定位尺寸、轴线关系，预制剪力墙编号、预制剪力墙重量；平面图中需标明各预制墙体的尺寸定位；预制内墙应标示装配方向，并与预制内墙的构件大样对应设置；

4 预制层剪力墙暗柱平面图应包括定位尺寸、轴线关系，各预制墙体及现浇墙体的尺寸标注，暗柱编号，墙上开洞等标注；应绘制暗柱配筋大样图，大样图中应示意暗柱与预制剪力墙的关系、预制剪力墙水平甩筋部位的钢筋定位。

3.2.2 预制柱平面布置图及相关连接节点大样图应符合下列规定：

1 预制柱平面布置图应包括定位尺寸、轴线关系，预制柱编号，平面图需标明预制构件的装配方向；平面图中柱配筋可用柱平法表示，也可用柱表形式表达；

2 应有明确的预制柱节点详图，注明钢筋位置关系，钢筋连接方法及其对施工安装的要求。

3.2.3 预制梁平面布置图及相关连接节点详图应符合下列规定：

    1 预制梁平面布置图应包括预制梁编号，当预制梁数量、种类较多时，可将梁编号分成两个方向；应标注预制梁定位尺寸、轴线关系，装配方向；应附有预制梁与墙柱、楼板位置关系示意节点大样；

    2 预制梁与预制梁或现浇梁的连接，应有明确的装配式结构节点，注明钢筋位置关系；

    3 应注明连接方法及其对施工安装的要求，现浇节点的有关要求。

    3.2.4 叠合板平面布置图及连接节点大样图应符合下列规定：

    1 应注明叠合板平面布置定位尺寸及拼缝宽度尺寸；应注明叠合板编号、厚板（预制部分及后浇部分厚度）、桁架钢筋布置方向、叠合板装配方向；

    2 现浇板配筋施工图中应包含叠合板位置示意，现浇部分施工图主要绘制预制楼板部分对应的顶筋以及现浇部分的底筋与顶筋，并示意洞口及楼梯位置、墙身大样索引等；底板部分配筋详见叠合板详图，其余部分配筋应以图中画出为准；

    3 叠合板施工图中应表示清楚叠合板与梁墙、叠合板与叠合板之间、叠合板与现浇板之间的连接节点大样，局部升降板的节点大样。

    3.2.5 当采用其他形式的预制底板时，应注明预制底板编号、装配方向等，布置方式及受力模式应满足相应规范图集。

    3.2.6 楼梯施工图表达的内容应包括楼梯平面图、剖面图。除传统施工图表达的内容外，对于装配式楼梯，还应包括预制构件的连接大样及大样详图。

    1 楼梯结构平面图中应包括平台板的标高、梯梁位置标注、梯段位置标注、梯段编号及相关说明；

    2 剖面图应表达楼梯梯段配筋，楼梯平台厚度及配筋，梯段尺寸标注；

    3 预制楼梯节点详图，应注明梯段板端连接方式；节点形式应注明钢筋或预埋件的位置关系；

    4 应注明连接方式对施工安装的要求。

    3.2.7 预制阳台、空调板布置图应符合下列规定：

    1 楼板平面布置图中应注明预制阳台及空调板构件编号、尺寸定位；

    2 应注明预制阳台及空调板的连接方法及其对施工安装的要求。

    3.2.8 外墙挂板的施工图设计应包括立面外墙挂板拆分图、梁柱预埋件平面图、外墙挂板构件大样图，并符合下列规定：

    1 立面外墙挂板拆分图应包括构件编号、尺寸定位、分缝宽度及尺寸定位；构件位置关系示意图、必要的局部剖面详图；

    2 梁柱预埋件平面图，应包括预埋件编号、尺寸定位；不同部位不同形式的连接节点详图；此平面图可单独表示，亦可在梁图或板图中示意。

3.3 结构计算书

    3.3.1 结构计算书应包括常规计算文件、预制装配率、"三板"比例的计算。

    3.3.2 装配式结构的相关系数应按规范要求调整，连接接缝应按照规范进行计算。

    3.3.3 计算书中尚应包括叠合板受剪承载力、预制柱底水平接缝受剪承载力、叠合梁竖向接缝承载力、预制剪力墙水平接缝受剪承载力验算以及外挂墙板计算等。

4 机电设计文件

4.1 给水排水

4.1.1 应有设计所执行与给水排水设计有关的国家及地方的规范、标准、政策文件等。

4.1.2 应说明与装配式混凝土建筑相关的设计内容和范围，说明主要技术措施、预制混凝土构件的分布情况及安装在预制构件中的设备、管道等内容。

4.1.3 给水排水设计应符合下列规定：

1 说明集成厨卫管道布置情况，说明给水排水管井布置、管线与结构分离情况及相关要求；

2 描述给水排水管道的敷设方式，说明管道、管件及附件等设备在预制构件或装饰墙面内的位置；描述给水排水管道、管件及附件在预制构件中预留孔洞、沟槽、预埋管线等的部位；当文字表述不清时，可以用图示方式表达；

3 当设备管线穿过预制构件部位时，说明采取的防水、防火、隔声及保温等措施（如保证排水管的坡向及坡度等）。

4.1.4 给水排水平面图应符合下列规定：

1 绘出与给水排水、消防给水管道布置相关的各层的平面，内容包括主要轴线编号、房间名称、用水点位置，注明各种管道系统编号（或图例）；

2 装配式混凝土建筑在预制构件布置图中注明在预制构件中预留洞口、沟槽、预埋套管、管道的部位，并说明装配式混凝土建筑管道接口要求（包括管道的定位、标高及管径）。

4.1.5 给水排水系统图应符合下列规定：

1 系统图应注明预制构件中预埋的管道尺寸及其位置；

2 当管道敷设在预制管槽内时，应在轴测图中绘制管槽示意以及管槽内管线；标注管槽尺寸大小、高度、深度、宽度以及管线安装高度、管径等。

4.1.6 给水排水详图应绘制装配式混凝土建筑预留孔洞、沟槽、预埋套管、管道标高、定位尺寸、规格等；复杂的安装节点应绘出剖面图。

4.2 电气

4.2.1 应有设计所执行与电气设计有关的国家及地方的规范、标准、政策文件等。

4.2.2 应明确装配式混凝土建筑电气的设计原则及依据。

4.2.3 应说明与装配式混凝土建筑相关的设计内容和范围，说明主要技术措施、预制混凝土构件的分布情况及安装在预制构件中的设备等内容。

4.2.4 电气设计应符合下列规定：

1 明确电气设备、管线等设置在预制构件或装饰墙面的做法及主要技术要求；

2 描述电气专业在预制构件中预留孔洞、沟槽，预埋管线的位置、大小以及与预制构件受力部位和连接区域的关系，当文字表述不清时，可以用图示方式表达；

3 说明采用装配式混凝土建筑对施工工艺和精度的控制要求，如预留孔洞、沟槽做法要求，预埋管线的安装方式等；

4 当大型灯具、桥架、母线、配电设备等安装在预制构件上时，应叙述采用预留预埋件固定的措施；

5　当墙内预留电气设备时，说明应采取的隔声及防火措施；当设备管线穿过预制构件部位时，说明采取的防水、防火、隔声、保温等措施；

6　防雷设计相关说明中表达预制构件防雷设计做法。

4.2.5　电气平面图应符合下列规定：

1　绘制电气配电箱设备、照明设备（灯具、开关、插座等）、电气消防设备、智能化设施、孔洞等点位定位布置图，注明编号与尺寸；

2　绘制管线线路图。

4.2.6　电气详图应符合下列规定：

1　应绘制预制墙体内管线与现浇层内管线连接详图，绘出预埋管、线盒的标高、定位尺寸，绘制预留洞口、沟槽及电气构件间的连接做法；在平面图中无法文字表达清楚时，可以绘出节点详图；

2　复杂安装节点应绘制剖面图及节点详图；

3　管线交叉较多的部位，应与相关专业共同绘制管线综合图；

4　当利用现浇立柱或剪力墙内的钢筋作为防雷引下线时，应标注所利用钢筋的规格、数量以及详细做法；当利用预制柱内的钢筋可靠跨接后作为引下线时，应注明在钢筋连接处所利用的主筋及跨接线的规格、数量以及详细做法；当采用专设引下线时，应标注采用的引下线的规格、间距以及详细做法。

4.3　供暖空调与空气调节

4.3.1　应有设计所执行与暖通有关的国家及地方的规范、标准、政策文件等。

4.3.2　说明各建筑单体的供暖空调等空气调节设备分布及预制混凝土构件分布情况，如安装在预制构件中的设备、管线等设计范围。

4.3.3　暖通设计说明应符合下列规定：

1　说明装配式的各建筑单体中供暖通风与空气调节设备分布；

2　装配式混凝土建筑在预制构件布置图中注明在预制构件中预留洞口、沟槽、预埋套管、管道的部位，并说明装配式混凝土建筑管道接口要求（包括管道的定位、标高及管径）；

3　给出管材规格与接口要求及其敷设方式和施工要求，管材材质及接口方式、预留孔洞、沟槽做法，预埋套管、管道安装方式等要求。

4.3.4　装配式混凝土建筑平面图中应注明在预制构件（包括预制墙、梁、楼板）上预留洞、沟槽、套管、百叶、预埋件等定位尺寸、标高及大小。

4.3.5　装配式混凝土建筑的通风、空调设计中，应明确风管、管线、洞口、沟槽间的连接做法；当墙内预留暖通空调设备时，应说明隔声及防水措施；管线穿过预制构件部位时，说明采取的相应防水、防火、隔声、保温等措施。

5　内装设计文件

5.1　一般要求

5.1.1　内装施工图设计文件应包括设计说明书、设计图纸、主要装饰材料表及主要材料样板、配套的设备设施设计图。

5.1.2 施工图设计说明书应包括工程概况、设计内容和范围、设计依据、装饰装修材料做法表、门窗表、建筑环保节能-消防等说明、主要材料施工工艺和质量的要求、设备设施需要深化设计的说明、图纸中特殊问题及其他说明、引用相关图集的标准。

5.2 设计图纸

5.2.1 设计平面图纸应包括总平面图、平面布置图、平面索引图、地面铺装图、吊顶图、设备设施末端布置图等，并应符合下列规定：

1 标明原建筑室内外墙体、门窗、管道井、楼梯、平台、阳台等位置，并应标注装饰装修需要的尺寸；

2 标明固定家具、隔断、构件、陈设品、厨房家具、卫生间洁具、照明灯具以及其他固定装饰配置和饰品的名称、位置及必要的定位尺寸，尺寸可标注在平面图内；

3 标明的轴线编号，应与原建筑图纸轴线编号相符，并标注轴线间尺寸、总尺寸及装饰装修需要的室内净空的定位尺寸；

4 标注装饰门窗的编号及开启方向，标明家具的橱柜门或其他构件的开启方向和方式；

5 标注楼地面、主要平台、厨房、卫生间等完成面及有高差处的设计标高；

6 标明设备、设施的位置、尺寸及有关安装工艺，并标注主体结构中预埋管道管线的预留预埋点位；

7 标注索引符号和编号、图纸名称和制图比例。

5.2.2 地面铺装图应符合下列规定：

1 标注地面铺装材料的种类、拼接图案、不同材料的分界线；

2 标注地面装修标高和异性材料的定位尺寸和施工做法；

3 标注地面装修嵌条、台阶和梯段防滑条品质、定位尺寸及做法。

5.2.3 平面索引图应符合下列规定：

1 空间形状复杂的室内装饰装修可单独绘制平面索引图；

2 平面索引图宜注明立面、剖面局部大样和节点详图的索引符号及编号，必要时可用文字说明索引位置。

5.2.4 吊顶平面图应符合下列规定：

1 与平面图的形状、大小、尺寸相对应；

2 新建建筑应标明墙体的主要轴线编号，并与原建筑设计图纸的轴线编号相符，还应标注轴线间尺寸和总尺寸；

3 标明墙体、管道井和楼梯等位置；

4 标明吊顶造型、天窗、构件；标明装饰垂挂物及其他装饰配置和饰品位置；

5 标明灯具、发光吊顶产品型号、灯具型号规格、编号和做法；

6 标注索引符号和编号、图纸名称和制图比例。

5.2.5 立面图应符合下列规定：

1 立面图应绘出需要装饰装修的各空间的立面，无特殊装饰装修要求的立面可不绘制立面图，但应在施工图说明或图纸中说明；

2 应标注立面设计部位两端的总尺寸和局部的分尺寸，平面图中有轴线编号的应标注立面范围内的轴线编号；

3 应标明立面左右两端的内墙线，标明装修后上下之间的地面线、吊顶线；

4 宜注明吊顶剖切部位的定位尺寸及其他相关尺寸，标注地面线标高、吊顶线标高；

5 标明墙面、柱面、门窗、固定隔断、固定家具及需要标明的陈设品位置，并标明其定位尺寸；

6 标注立面和吊顶剖切面的装饰装修材料图例、材料分块尺寸、材料拼线分界线定位尺寸；

7 宜标明立面上的灯饰、电源插座、通信和电视信号插孔、空调控制器、开关、按钮、消火栓等设备、设施的位置，标注定位尺寸、设备、设施的种类、产品型号、标号以及安装工艺等；

8 对需要表达或者详细表达的部位，可单独绘制其局部立面大样，并标明其索引位置；

9 可用展开图表示弧形立面、折形立面；

10 应标明索引符号和编号、图纸名称和制图标准。

5.2.6 剖面图应符合下列规定：

1 剖面图应有墙身构造的剖面图和各种局部剖面图；

2 剖面图应标明剖切部位构造的构成关系，并应标注详细尺寸、标高、材料、品质、连接方式和工艺。

5.2.7 节点详图应符合下列规定：

1 节点详图应索引需要详细表达的剖切部位，并绘制大比例图样；

2 节点详图应标明节点处原有的构造基层材料、支撑和连接材料及构件、配件之间的相互关系，标明基层、面层装饰装修材料的图例、标准材料、构件、配件等详细尺寸、产品型号、工艺做法和施工要求；

3 节点详图可标明设备、设施的安装方式、标明收口和收边方式，并注明其详细尺寸和做法；

4 节点详图应注明索引符号和编号、节点名称和制图比例。

5.2.8 主要装饰材料表应有材料名称、规格，或者根据合同要求提供相应内容。

5.2.9 设备、设施末端设计应符合下列规定：

1 设计的深度与设备、设施各专业的制图标准和设计文件深度一致；

2 应与装饰装修设计协调配合，图中标明的设备、设施的位置应与装饰装修设计图中的位置一致；

3 装饰装修中，设备设施设计图中标明的技术要求应符合国家建筑标准设计图集《民用建筑室内施工图设计深度图样》06SJ803 的相关规定。

6 预制构件加工图设计

6.1 一般要求

6.1.1 预制构件加工图应满足原主体设计的技术指标、结构安全和建筑性能等要求，如需修改原主体结构中对装配式混凝土建筑技术要求时，须经过建筑主体设计单位书面同意。

6.1.2 预制构件加工图设计应充分考虑构件的生产、运输、堆放等相关内容。

6.1.3 预制构件加工图设计文件一般应包括以下设计内容：

1 图纸目录及数量表、构件生产说明、构件安装说明；

2 预制构件平面布置图、构件模板图、构件配筋图、连接节点详图、墙身构造详图、构件细部节点详图、构件吊装详图、构件预埋件埋设详图，以及合同要求的全部图纸；

3 与预制构件相关的生产、脱模、运输、安装等受力验算。计算书不属于必须交付的设计文件，但应归档保存。

6.1.4 封面标识内容一般包括项目名称、预制构件加工图设计单位名称、项目设计编号、设计阶段、编制单位授权盖章、设计日期等。

6.2 图纸目录

6.2.1 图纸目录应按图纸序号排列，先列构件生产说明、构件安装说明、通用图，后列构件加工图。

6.2.2 图纸目录中可根据楼栋编号依次排列，构件加工图可按构件类型依次排列。

6.3 设计说明

6.3.1 工程概况中应说明工程地点、采用装配式混凝土建筑的结构类型、单体采用的预制构件类型及布置情况、预制构件的使用范围及预制构件的使用位置。

6.3.2 设计依据应包括工程施工图设计全称、建设单位提出的预制构件加工图、设计有关的符合标准、法规的书面委托文件、设计所执行的主要法规和所采用的主要标准规范和图集（包括标准名称、版本号）。

6.3.3 构件加工图的图纸编号按照分类编制时，应有图纸编号说明；预制构件的编号，应有构件编号原则说明。

6.3.4 预制构件设计构造应包括以下内容：

1 预制构件的基本构造、材料基本组成；

2 标明各类构件的混凝土强度等级、钢筋级别及种类、钢材级别、连接方式，采用型钢连接时应标明钢材的规格以及焊接材料级别；

3 连接材料的基本信息和技术要求；

4 各类构件表面成型处理的基本要求；

5 防雷接地引下线的做法。

6.3.5 预制构件主材要求应包括以下内容：

1 混凝土：

1) 各类构件混凝土的强度等级，且应注明各类构件对应楼层的强度等级；

2) 预制构件混凝土的技术要求及控制指标；

3) 预制构件采用的特种混凝土的技术要求及控制指标。

2 钢筋：

1) 钢筋种类、钢绞线或高强钢丝种类及对应的产品标准，有特殊要求需单独注明；

2) 各类构件受力钢筋的最小保护层厚度；

3) 预应力预制构件的张拉控制应力、张拉顺序、张拉条件，对张拉的测试要求等。

3 预埋件：

1) 钢材的牌号和质量等级，以及所对应的产品标准；有特殊要求需单独注明；

2）预埋铁件的防腐、防火做法及技术要求；

3）钢材的焊接方法及相应的技术要求，焊缝质量等级及焊缝质量检查要求；

4）其他埋件应注明材料的种类、类别、性能以及使用注意事项，有耐久性要求的应注明使用年限以及执行的对应标准；

5）应注明埋件的支座偏差和预埋在构件上位置偏差的控制要求。

4 其他：

1）保温材料的品种规格、材料导热系数、燃烧性能等要求；

2）夹心保温构件应明确拉接件的材料性能、布置原则、锚固深度以及产品的操作要求；需要拉接件厂家补充的内容应明确技术要求，确定技术接口的深度。

6.3.6 预制构件生产技术要求应包括以下内容：

1 预制构件生产中养护要求或执行标准，以及构件脱模起吊、成品保护的要求；

2 面砖或石材饰面的材料要求；

3 构件加工隐蔽工程检查的内容或执行的相关标准；

4 预制构件质量检验执行的标准，对有特殊要求的应单独说明。

6.3.7 预制构件的堆放与运输要求宜包括以下内容：

1 预制构件堆放的场地及堆放方式的要求；

2 构件堆放的技术要求与措施；

3 构件运输的要求与措施；

4 异形构件的堆放与运输应提出明确要求及注意事项。

6.3.8 现场施工要求宜包括以下内容：

1 预制构件现场安装要求：

1）应要求施工单位制定构件进场验收、堆放、安装等专项要求；

2）构件吊具、吊装螺栓、吊装角度的基本要求；

3）预制构件安装精度、质量控制、施工检测等要求；

4）构件吊装顺序的基本要求（如先吊装竖向构件再吊装水平构件，外挂墙板宜从低层向高层安装等）。

2 预制构件连接：

1）主体结构装配中钢筋连接用钢筋套筒、约束浆锚连接，以及其他涉及结构钢筋连接方式的操作要求和执行的相应标准；

2）装饰性挂板以及其他构件连接的操作要求或执行的标准。

3 预制构件防水措施：

1）构件板缝防水施工的基本要求；

2）板缝防水的注意要点（如密封胶的最小厚度、密封胶对接处的处理等）。

6.4　设计图纸

6.4.1 预制构件平面布置图。

1 绘制轴线、轴线总尺寸（或外包总尺寸）、轴线间尺寸（柱跨、跨距）、预制构件与轴线的尺寸、现浇带与轴线的尺寸、门窗洞口的尺寸；当预制构件种类较多时，宜分别绘制竖向承重构件平面图、水平承重构件平面图、非承重装饰构件平面图、屋面层平面图（当屋面采用预制结构时）、预埋件平面布置图等；

2 竖向承重构件平面图应标明预制构件的编号、数量、安装方向、预留洞口位置及尺寸、转换层插筋定位、楼层的层高及标高、详图索引；

3 水平承重构件平面图应标明预制构件的编号、数量、安装方向、楼板板顶标高、预留洞口定位及尺寸、机电预留定位、详图索引；

4 装饰构件平面图应标明预制构件（混凝土外挂板、空心条板、装饰板等）的编号、数量、安装方向、详图索引等内容；

5 埋件平面布置图应标明埋件编号、埋件定位、详图索引；

6 复杂工程项目，必要时增加局部平面详图；

7 选用图集节点时，应注明使用索引图集；

8 图纸名称、比例。

6.4.2 预制构件装配立面图。

1 建筑轴线编号；

2 各立面预制构件的布置位置、编号、层高线；复杂的框架或框剪结构应分别绘制主体结构立面及外装饰板立面；

3 埋件布置图在平面图中表达不清的，可增加埋件立面布置图；

4 详图节点的索引编号；

5 图纸名称、比例。

6.4.3 模板图。

1 绘制预制构件主视图、侧视图、背视图、俯视图、仰视图、门窗洞口剖面图；

2 标明预制构件与结构层高线或轴线间的关系，当主要视图中不便于表达时，可通过缩略示意图的方式表达；

3 标注预制构件的外轮廓尺寸、缺口尺寸、看线的分布尺寸、预埋件的定位尺寸；

4 各视图中应标注预制构件表面的工艺要求（如模板面、人工压光面、粗糙面）；表面有特殊要求应标明饰面做法（如清水混凝土、彩色混凝土、喷砂、瓷砖、石材等）；有瓷砖或石材饰面的构件应绘制排版图；

5 预埋件、吊钩及预留孔应分别用不同图例表达，并在构件视图中标明埋件编号；

6 构件信息表应包括构件编号、数量、混凝土体积、构件重量、钢筋保护层、混凝土强度等级；

7 埋件信息表应包括埋件及吊钩编号、名称、规格、单块板数量等；

8 说明中应包括图例符号说明及注释；

9 注明索引图号；

10 图纸名称、比例。

6.4.4 配筋图。

1 绘制预制构件配筋的主视图、剖面图；当采用夹心保温构件时，应分别绘制内叶板配筋图、外叶板配筋图；

2 标注钢筋与构件外边线的定位尺寸、钢筋间距、钢筋外露长度、构件连接用钢筋套筒，其他预留钢筋连接必须明确标注尺寸及外露长度，叠合类构件应标明外露桁架钢筋的高度；

3 钢筋应按类别及尺寸分别编号，在视图中引出标注；

4 配筋表应标明编号、直径、级别、钢筋外形、钢筋加工尺寸、单块板中钢筋重量、备注等。需要直螺纹连接的钢筋应标明套丝长度及精度等级；

5 图纸名称、比例、说明。

6.4.5 通用详图。

1 预埋件图：

1）预埋件详图应包括材料要求、规格、尺寸、焊缝高度、焊接材料、套丝长度、精度等级、埋件名称、尺寸标注；

2）埋件布置图中应表达埋件的局部埋设大样及要求，包括埋件位置、埋设深度、外露高度、加强措施、局部构造做法；

3）埋件的防腐防火做法及要求；

4）有特殊要求的埋件应在说明中注释；

5）埋件的名称、比例。

2 通用索引图：

1）节点详图表达装配式混凝土建筑结构构件拼接处的防水、保温、隔声、防火、预制构件连接节点、预制构件与现浇部位的连接构造节点等标准做法；

2）预制构件的局部剖切大样图、引出节点大样图；

3）被索引的图纸名称、比例。

6.4.6 其他图纸。

1 夹心保温墙板应绘制连接件排布图，标注埋件定位尺寸；

2 不同类别的连接件应分别标注名称、数量；

3 带有夹心保温的预制构件宜绘制保温材料排版图，分块编号，并标明定位尺寸。

6.5 计算书

6.5.1 预制构件在翻转、运输、存储、吊装和安装定位、连接施工等阶段的施工验算。

6.5.2 固定连接及吊装用的预埋件与预埋吊件、临时支撑用预埋件在最不利工况下的施工验算。

6.5.3 夹心保温板连接件的施工及正常使用工况下的验算。

7 BIM 设计文件

7.0.1 对建筑单体模型确定轴网、标高，准确直观表达各专业模型的空间关系。

7.0.2 准确直观表达预制构件模型的基本构造关系。

7.0.3 明确定义建筑构件的材料属性。

7.0.4 能够生成初步设计阶段需要的平、立、剖面图纸及三维可视化展示图纸。

7.0.5 建筑模型深度应能生成建筑单体 BIM 预制构件统计表、BIM 预制率统计表、工程用量统计表。

7.0.6 碰撞检测报告，排除项目施工环节的部品部件的碰撞冲突。

7.0.7 应对建筑精装预埋、户内管线、用水点及电气点位等精确设计建模。

7.0.8 预制构件模型应符合下列要求：

1 准确表达预制构件的构造关系；

2 预制构件各组成部分的材料属性、包括构件编号、数量、混凝土体积、构件重量、钢筋保护层、混凝土强度等级；

3 能够生成表达预制构件的平、立、剖面图纸及三维可视化展示图纸；

4 各专业在平台上建立统一的 BIM 模型，确定专业交付信息集合以及交付类别；

5 能形成碰撞检查报告，排除预制构件中各组成部分的碰撞冲突；

6 形成预制构件模型资源库，模型可以重复使用；

7 预制构件的用量统计表。

7.0.9 BIM 模型的分类方法和编码原则应符合现行国家标准《建筑信息模型分类和编码标准》GB/T 51269 的规定；预制构件的编码应符合唯一性、合理性、规范性、简明性、兼容性、扩展性、稳定性等基本原则。

附录 B　装配式建筑施工图审查条文

B1　建筑专业审查条文

类别	规范	相关要求	审查内容
材料、构造	《装配式混凝土结构技术规程》JGJ 1—2014	第4.3.1条 外墙板接缝处的密封材料应符合下列规定： 3 夹心外墙板接缝处填充用保温材料的燃烧性能应满足国家标准《建筑材料及制品燃烧性能分级》GB 8624—2012 中 A 级的要求	墙板接缝构造详图
		第5.3.3条 预制外墙板的接缝应满足保温、防火、隔声的要求	墙板接缝构造详图
		第5.3.4条 预制外墙板的接缝及门窗洞口等防水薄弱部位宜采用材料防水和构造防水相结合的做法，并应符合下列规定： 3 当板缝空腔需设置导水管排水时，板缝内侧应增设气密条密封构造	墙板接缝构造详图
		第10.3.1条 外挂墙板的高度不宜大于一个层高，厚度不宜小于100mm	墙板立面布置图及材料说明
		第10.3.7条 外挂墙板间接缝的构造应符合下列规定： 2 接缝宽度应满足主体结构的层间位移、密封材料的变形能力、施工误差、温差引起变形等要求，且不应小于 15mm	墙板接缝构造详图
	《装配式混凝土建筑技术标准》GB/T 51231—2016	第6.1.9条 外墙板接缝应符合下列规定： 1 接缝处应根据当地气候条件合理选用构造防水、材料防水相结合的防排水设计； 2 接缝宽度及接缝材料应根据外墙板材料、立面分格、结构层间位移、温度变形等因素综合确定；所选用的接缝材料及构造应满足防水、防渗、抗裂、耐久等要求；接缝材料应与外墙板具有相容性；外墙板在正常使用下，接缝处的弹性密封材料不应破坏； 3 接缝处以及与主体结构的连接处应设置防止形成热桥的构造措施	墙板接缝构造详图及说明

续表

类别	规范	相关要求	审查内容
材料、构造	《装配式混凝土建筑技术标准》GB/T 51231—2016	第6.2.5条 预制外墙接缝应符合下列规定： 1 接缝位置宜与建筑立面分格相对应； 2 竖缝宜采用平口或槽口构造，水平缝宜采用企口构造； 3 当板缝空腔需设置导水管排水时，板缝内侧应增设密封构造； 4 宜避免接缝跨越防火分区；当接缝跨越防火分区时，接缝室内侧应采用耐火材料封堵	墙板接缝构造详图
		第6.5.3条 预制外墙中外门窗宜采用企口或预埋件等方法固定，外门窗可采用预装法或后装法设计，并满足下列要求： 1 采用预装法时，外门窗框应在工厂与预制外墙整体成型； 2 采用后装法时，预制外墙的门窗洞口应设置预埋件	门窗洞口构造详图
	《建筑轻质条板隔墙技术规程》JGJ/T 157—2014	第4.2.10条 当条板隔墙用于厨房、卫生间及有防潮、防水要求的环境时，应采取防潮、防水处理构造措施。对于附设水池、水箱、洗手盆等设施的条板隔墙，墙面应作防水处理，且防水高度不宜低于1.8m	内隔墙连接节点构造
		第4.2.12条 普通型石膏条板和防水性能较差的条板不宜用于潮湿环境及有防潮、防水要求的环境。上述材质的条板隔墙用于无地下室的首层时，宜在隔墙下部采取防潮措施	内隔墙连接节点构造
防火	《建筑设计防火规范（2018版）》GB 50016—2014	第5.1.9条 建筑内预制钢筋混凝土构件的节点外露部位，应采取防火保护措施，且节点的耐火极限不应低于相应构件的耐火极限	建筑设计说明
	《装配式混凝土结构技术规程》JGJ 1—2014	第4.3.1条 外墙板接缝处的密封材料应符合下列规定： 3 夹心外墙板接缝处填充用保温材料的燃烧性能应满足国家标准《建筑材料及制品燃烧性能分级》GB 8624—2012中A级的要求	外墙板接缝防火构造
		第5.3.3条 预制外墙板的接缝应满足保温、防火、隔声的要求	外墙板接缝防火构造
	《装配式混凝土建筑技术标准》GB/T 51231—2016	第6.2.2条 露明的金属支撑件及外墙板内侧与主体结构的调整间隙，应采用燃烧性能等级为A级的材料进行封堵，封堵构造的耐火极限不得低于墙体的耐火极限，封堵材料在耐火极限内不得开裂、脱落	建筑设计说明
		第6.2.3条 防火性能应按非承重外墙的要求执行，当夹芯保温材料的燃烧性能等级为B_1或B_2级时，内、外叶墙板应采用不燃材料且厚度均不应小于50mm	建筑设计说明

类别	规范	相关要求	审查内容
防火	《建筑防火封堵应用技术标准》GB/T 51410—2020	第4.0.3条 建筑幕墙的层间封堵应符合下列规定： 1 幕墙与建筑窗槛墙之间的空腔应在建筑缝隙上、下沿处分别采用矿物棉等背衬材料填塞且填塞高度均不应小于200mm；在矿物棉等背衬材料的上面应覆盖具有弹性的防火封堵材料，在矿物棉下面应设置承托板。 2 幕墙与防火墙或防火隔墙之间的空腔应采用矿物棉等背衬材料填塞，填塞厚度不应小于防火墙或防火隔墙的厚度，两侧的背衬材料的表面均应覆盖具有弹性的防火封堵材料。 3 承托板应采用钢质承托板，且承托板的厚度不应小于1.5mm。承托板与幕墙、建筑外墙之间及承托板之间的缝隙，应采用具有弹性的防火封堵材料封堵。 4 防火封堵的构造应具有自承重和适应缝隙变形的性能	建筑幕墙防火构造
		第4.0.4条 建筑外墙外保温系统与基层墙体、装饰层之间的空腔的层间防火封堵应符合下列规定： 1 应在与楼板水平的位置采用矿物棉等背衬材料完全填塞，且背衬材料的填塞高度不应小于200mm； 2 在矿物棉等背衬材料的上面应覆盖具有弹性的防火封堵材料； 3 防火封堵的构造应具有自承重和适应缝隙变形的性能	建筑外墙防火构造

B2　结构专业审查条文

B.2.1　材料审查条文

类别	规范	相关要求	审查内容
混凝土构件	《装配式混凝土结构技术规程》JGJ 1—2014	第4.1.2条 预制构件的混凝土强度等级不宜低于C30；预应力混凝土预制构件的混凝土强度等级不宜低于C40，且不应低于C30；现浇混凝土的强度等级不应低于C25	结构设计总说明材料部分混凝土强度等级情况
钢筋	《装配式混凝土结构技术规程》JGJ 1—2014	第4.1.3条 钢筋的选用应符合现行国家标准《混凝土结构设计规范》GB 50010的规定。普通钢筋采用套筒灌浆连接和浆锚搭接连接时，钢筋应采用热轧带肋钢筋	结构设计总说明材料部分钢材使用情况
钢筋连接材料	《装配式混凝土结构技术规程》JGJ 1-2014	第4.2.1条 钢筋套筒灌浆连接接头采用的套筒应符合现行行业标准《钢筋连接用灌浆套筒》JG/T 398的规定	结构设计说明中关于钢筋连接材料部分性能说明
		第4.2.2条 钢筋套筒灌浆连接接头采用的灌浆料应符合现行行业标准《钢筋连接用套筒灌浆料》JG/T 408的规定	
		第4.2.3条 钢筋浆锚搭接连接接头应采用水泥基灌浆料，灌浆料的性能应满足表4.2.3的要求	

续表

类别	规范	相关要求	审查内容
钢筋连接材料	《装配式混凝土建筑技术标准》GB/T 51231—2016	第5.2.2条 用于钢筋浆锚搭接连接的镀锌金属波纹管应符合现行行业标准《预应力混凝土用金属波纹管》JG 225 的有关规定。镀锌金属波纹管的钢带厚度不宜小于 0.3mm,波纹高度不应小于 2.5mm	结构设计说明中关于钢筋连接材料部分性能说明
		第5.2.3条 用于钢筋机械连接的挤压套筒,其原材料及实测力学性能应符合现行行业标准《钢筋机械连接用套筒》JG/T 163 的有关规定	
		第5.2.4条 用于水平钢筋锚环灌浆连接的水泥基灌浆材料应符合现行国家标准《水泥基灌浆材料应用技术规范》GB/T 50448 的有关规定	
		第5.4.4条 装配式混凝土结构中,节点及接缝处的纵向钢筋连接宜根据接头受力、施工工艺等要求选用套筒灌浆连接、机械连接、浆锚搭接连接、焊接连接、绑扎搭接连接等连接方式。直径大于 20mm 的钢筋不宜采用浆锚搭接连接,直接承受动力荷载的构件纵向钢筋不应采用浆锚搭接连接。当采用套筒灌浆连接时,应符合现行行业标准《钢筋套筒灌浆连接应用技术规程》JGJ 355 的规定;当采用机械连接时,应符合现行行业标准《钢筋机械连接技术规程》JGJ 107 的规定;当采用焊接连接时,应符合现行行业标准《钢筋焊接及验收规程》JGJ 18 的规定	
	《装配式混凝土结构技术规程》JGJ 1—2014	第11.1.4条 预制结构构件采用钢筋套筒灌浆连接时,应在构件生产前进行钢筋套筒灌浆连接接头的抗拉强度试验,各种规格的连接接头试件数量不应少于 3 个	套筒连接接头试验报告
后浇接缝	《装配式混凝土结构技术规程》JGJ 1—2014	第6.1.12条 预制构件节点及接缝处后浇混凝土强度等级不应低于预制构件的混凝土强度等级;多层剪力墙结构中墙板水平接缝用坐浆料的强度等级值应大于被连接构件的混凝土强度等级值	结构连接节点大样图中关于后浇接缝混凝土强度等级说明

B.2.2 主体结构

1. 一般规定审查条文

类别	规范	相关要求	审查内容
适用高度	《装配式混凝土结构技术规程》JGJ 1—2014	第6.1.1条 装配整体式框架结构、装配整体式剪力墙结构、装配整体式框架-现浇剪力墙结构、装配整体式部分框支剪力墙结构的房屋最大适用高度应满足表 6.1.1 的要求,并应符合下列规定: 1 当结构中竖向构件全部为现浇且楼盖采用叠合梁板时,房屋的最大适用高度可按现行行业标准《高层建筑混凝土结构技术规程》JGJ 3 中的规定采用;	审查结构计算书

类别	规范	相关要求	审查内容
适用高度	《装配式混凝土结构技术规程》JGJ 1—2014	2 装配整体式剪力墙结构和装配整体式部分框支剪力墙结构,在规定的水平力作用下,当预制剪力墙构件底部承担的总剪力大于该层总剪力的50%时,其最大适用高度应适当降低;当预制剪力墙构件底部承担的总剪力大于该层总剪力的80%时,最大适用高度应取表6.1.1中括号内的数值。 **6.1.1 装配整体式结构房屋的最大适用高度(m)** 见下表	审查结构计算书

6.1.1 装配整体式结构房屋的最大适用高度(m)

结构类型	抗震设防程度			
	6 度	7 度	8 度 (0.2g)	8 度 (0.3g)
装配整体式框架结构	60	50	40	30
装配整体式框架-现浇剪力墙结构	130	120	100	80
装配整体式剪力墙结构	130(120)	110(100)	90(80)	70(60)
装配整体式部分框支剪力墙结构	110(100)	90(80)	70(60)	40(30)

类别	规范	相关要求	审查内容
高宽比	《装配式混凝土结构技术规程》JGJ 1—2014	第6.1.2条 高层装配整体式结构的高宽比不宜超过表6.1.2的数值。	审查结构计算书

6.1.2 高层装配整体式结构适用的最大宽比

结构类型	抗震设防程度	
	6 度,7 度	8 度
装配整体式框架结构	4	3
装配整体式框架-现浇剪力墙结构	6	5
装配整体式剪力墙结构	6	5

类别	规范	相关要求	审查内容
位移限值	《装配式混凝土结构技术规程》JGJ 1—2014	第6.3.3条 按弹性方法计算的风荷载或多遇地震标准值作用下的楼层层间最大位移 Δu 与层高 h 之比的限值宜按表6.3.3采用。	审查结构计算书

6.3.3 楼层层间最大位移与层高之比的最值

结构类型	$\Delta u/h$ 极限
装配整体式框架结构	1/550
装配整体式框架-现浇剪力墙结构	1/800
装配整体式剪力墙结构、装配整体式部分框支剪力墙结构	1/1000
多层装配式剪力墙结构	1/1200

类别	规范	相关要求	审查内容
位移限值	《装配式混凝土建筑技术标准》GB/T 51231—2016	第5.3.5条 在罕遇地震作用下,结构薄弱层(部位)弹塑性层间位移应符合下式规定: $$\Delta u_p \leqslant [\theta_p]h \qquad (5.3.5)$$ 式中:Δu_p——弹塑性层间位移; $[\theta_p]$——弹塑性层间位移角限值,应按表5.3.5采用; h——层高。	审查结构计算书

类别	规范	相关要求	审查内容
位移限值	《装配式混凝土建筑技术标准》GB/T 51231—2016	**表 5.3.5　弹塑性层间位移角限值** {表见下}	审查结构计算书
计算规定	《装配式混凝土结构技术规程》JGJ 1—2014	第 6.1.11 条 {内容见下}	审查计算书

表 5.3.5　弹塑性层间位移角限值

结构类别	$[\theta_p]$
装配整体式框架结构	1/50
装配整体式框架-现浇剪力墙结构、装配整体式框架-现浇核心筒结构	1/100
装配整体式剪力墙结构、装配整体式部分框支剪力墙结构	1/120

第 6.1.11 条

抗震设计时,构件及节点的承载力抗震调整系数 γ_{RE} 应按表 6.1.11 采用;当仅考虑竖向地震作用组合时,承载力抗震调整系数 γ_{RE} 应取 1.0。预埋件锚筋截面计算的承载力抗震调整系数 γ_{RE} 应取为 1.0。

表 6.1.11　构件及节点承载力抗震调整系数 γ_{RE}

结构构件类别	正截面承载力计算					斜截面承载力计算	受冲切承载力计算、按缝受剪承载力计算
	受弯构件	偏心受压柱		偏心受拉构件	剪力墙	各类构件及框架节点	
		轴压比小于0.15	轴压比不小于0.15				
γ_{RE}	0.75	0.75	0.8	0.85	0.85	0.85	0.85

第 6.5.1 条

装配整体式结构中,接缝的正截面承载力应符合现行国家标准《混凝土结构设计规范》GB 50010 的规定。接缝的受剪承载力应符合下列规定。

1 持久设计状况:

$$\gamma_0 V_{jd} \leqslant V_u \quad (6.5.1\text{-}1)$$

2 地震设计状况:

$$V_{jdE} \leqslant V_{uE}/V_{RE} \quad (6.5.1\text{-}2)$$

在梁、柱端部箍筋加密区及剪力墙底部加强部位,尚应符合下式要求:

$$\eta_j V_{mua} \leqslant V_{uE} \quad (6.5.1\text{-}3)$$

式中:γ_0——结构重要性系数,安全等级为一级时不应小于 1.1,安全等级为二级时不应小于 1.0;

V_{jd}——持久设计状况下接缝剪力设计值;

V_{jdE}——地震设计状况下接缝剪力设计值;

V_u——持久设计状况下梁端、柱端、剪力墙底部按缝受剪承载力设计值;

V_{uE}——地震设计状况下梁端、柱端、剪力墙底部按缝受剪承载力设计值;

V_{mua}——被连接构件端部按实配钢筋面积计算的斜截面受剪承载力设计值;

η_j——接缝受剪承载力增大系数,抗震等级为一、二级取 1.2,抗震等级为三、四机取 1.1

类别	规范	相关要求	审查内容
抗震等级	《装配式混凝土建筑技术标准》GB/T 51231—2016	第5.1.4条 装配整体式混凝土结构构件的抗震设计,应根据设防类别、烈度、结构类型和房屋高度采用不同的抗震等级,并应符合相应的计算和构造措施要求。丙类装配整体式结构的抗震等级应按表 5.1.4 确定。其他抗震设防类别和特殊场地类别下的建筑应符合国家现行标准《建筑抗震设计规范》GB 50011、《装配式混凝土结构技术规程》JGJ 1、《高层建筑混凝土结构技术规程》JGJ 3 中对抗震措施进行调整的规定。 表 5.1.4 丙类建筑装配整体式混凝土结构的抗震等级	审查结构计算书
现浇部位	《装配式混凝土结构技术规程》JGJ 1—2014	第6.1.8条 高层装配整体式结构应符合下列规定: 1 宜设置地下室,地下室宜采用现浇混凝土; 2 剪力墙结构底部加强部位的剪力墙宜采用现浇混凝土; 3 框架结构首层柱宜采用现浇混凝土,顶层宜采用现浇楼盖结构 第6.1.9条 带转换层的装配整体式结构应符合下列规定: 1 当采用部分框支剪力墙结构时,底部框支层不宜超过 2 层,且框支层及相邻上一层应采用现浇结构; 2 部分框支剪力墙以外的结构中,转换梁、转换柱宜现浇 第6.6.1条 装配整体式结构的楼盖宜采用叠合楼盖。结构转换层、平面复杂或开洞较大的楼层、作为上部结构嵌固部位的地下室楼层宜采用现浇楼盖	审查结构设计说明及预制构件布置图

表 5.1.4 丙类建筑装配整体式混凝土结构的抗震等级

结构类型		抗震设防烈度			
		7 度		8 度	
装配整体式框架结构	高度(m)	≤24	>24	≤24	>24
	框架	三	二	二	一
	大跨度框架	二		一	
装配整体式框架-现浇剪力墙结构	高度(m)	≤24	>24 且≤60	>60	≤24	>24 且≤60	>60
	框架	四	三	二	三	二	一
	剪力墙	三	二	一	二	一	一
装配整体式框架-现浇核心筒结构	框架及核心筒	二			一		
装配整体式剪力墙结构	高度(m)	≤24	>24 且≤70	>70	≤24	>24 且≤70	>70
	剪力墙	四	三	二	三	二	一
装配整体式部分框支剪力墙结构	高度(m)	≤24	>24 且≤70	>70	≤24	>24 且≤70	
	现浇框支框架	二	二		一	一	
	底部加强部位剪力墙	三	三		二	一	
	其他区域剪力墙	四	三		三	二	

类别	规范	相关要求	审查内容
粗糙面	《装配式混凝土结构技术规程》JGJ 1—2014	第6.5.5条 预制构件与后浇混凝土、灌浆料、坐浆材料的结合面应设置粗糙面、键槽，并应符合下列规定： 1 预制板与后浇混凝土叠合层之间的结合面应设置粗糙面。 2 预制梁与后浇混凝土叠合层之间的结合面应设置粗糙面；预制梁端面应设置键槽(图6.5.5)且宜设置粗糙面。键槽的尺寸和数量应按本规程第7.2.2条的规定计算确定。 3 预制剪力墙的顶部和底部与后浇混凝土的结合面应设置粗糙面；侧面与后浇混凝土的结合面应设置粗糙面，也可设置键槽。 4 预制柱的底部应设置键槽且宜设置粗糙面，键槽应均匀布置。柱顶应设置粗糙面。 5 粗糙面的面积不宜小于结合面的80%，预制板的粗糙面凹凸深度不应小于4mm，预制梁端、预制柱端、预制墙端的粗糙面凹凸深度不应小于6mm。 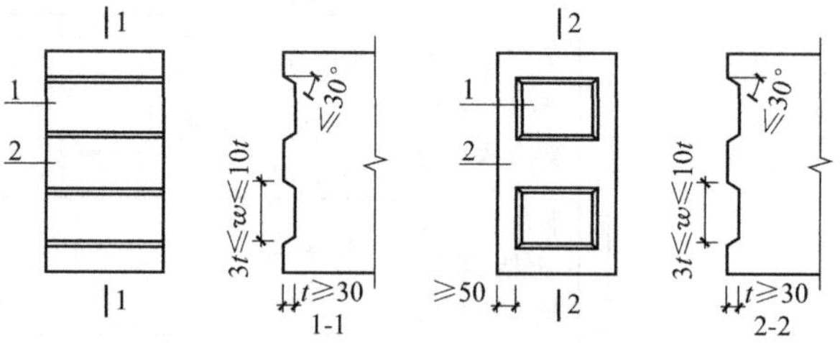 (a) 键槽贯通截面　　(b) 键槽不贯通截面 图6.5.5　梁端键槽构造示意 1—键槽；2—梁端面	审查结构设计说明及连接节点大样图
连接件预埋件	《装配式混凝土结构技术规程》JGJ 1—2014	第6.5.7条 应对连接件、焊缝、螺栓或铆钉等紧固件在不同设计状况下的承载力进行验算，并应符合现行国家标准《钢结构设计标准》GB 50017和《钢结构焊接规范》GB 50661等的规定	审查连接件预埋件相关计算书
施工阶段验算	《装配式混凝土结构技术规程》JGJ 1—2014	第6.2.2条 预制构件在翻转、运输、吊运、安装等短暂设计状况下的施工验算，应将构件自重标准值乘以动力系数后作为等效静力荷载标准值。构件运输、吊运时，动力系数宜取1.5；构件翻转及安装过程中就位、临时固定时，动力系数可取1.2	审查预制构件相关计算书
	《装配式混凝土结构技术规程》JGJ 1—2014	第6.2.3条 预制构件进行脱模验算时，等效静力荷载标准值应取构件自重标准值乘以动力系数后与脱模吸附力之和，且不宜小于构件自重标准值的1.5倍。动力系数与脱模吸附力应符合下列规定： 1 动力系数不宜小于1.2； 2 脱模吸附力应根据构件和模具的实际状况取用，且不宜小于1.5kN/m²	审查预制构件相关计算书
耐久性	《装配式混凝土结构技术规程》JGJ 1—2014	第6.1.13条 预埋件和连接件等外露金属件应按不同环境类别进行封闭或防腐、防锈、防火处理，并应符合耐久性要求	审查结构设计总说明中关于预埋件、连接件耐久性措施

2. 装配整体式混凝土框架结构审查条文

类别	规范	相关要求	审查内容
预制柱	《装配式混凝土结构技术规程》JGJ 1—2014	第 7.1.2 条 装配整体式框架结构中,预制柱的纵向钢筋连接应符合下列规定: 1 当房屋高度不大于 12m 或层数不超过 3 层时,可采用套筒灌浆、浆锚搭接、焊接等连接方式; 2 当房屋高度大于 12m 或者层数超过 3 层时,宜采用套筒灌浆连接	审查结构设计说明
		第 7.3.5 条 预制柱的设计应符合现行国家标准《混凝土结构设计规范》GB 50010 的要求,并应符合下列规定: 1 柱纵向受力钢筋直径不宜小于 20mm; 2 矩形柱截面宽度或圆柱直径不宜小于 400mm,且不宜小于同方向梁宽的 1.5 倍; 3 柱纵向受力钢筋在柱底采用套筒灌浆连接时,柱箍筋加密区长度不应小于纵向受力钢筋连接区域长度与 500mm 之和;套筒上端第一道箍筋距离套筒顶部不应大于 50mm(图 7.3.5)。 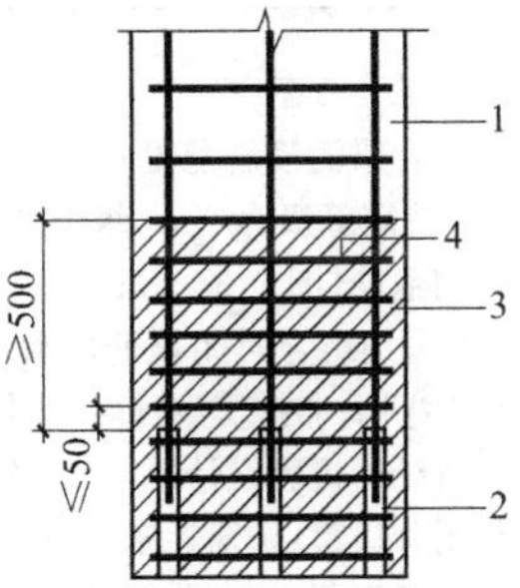 图 7.3.5 钢筋采用套筒灌浆连接时柱底箍筋加密区域构造示意 1—预制柱;2—套筒灌浆连接接头;3—箍筋加密区(阴影区域);4—加密区箍筋	审查预制柱构件详图
	《装配式混凝土建筑技术标准》GB/T 51231—2016	第 5.6.4 条 上、下层相邻预制柱纵向受力钢筋采用挤压套筒连接时(图 5.6.4),柱底后浇段的箍筋应满足下列要求: 1 套筒上端第一道箍筋距离套筒顶部不应大于 20mm,柱底部第一道箍筋距柱底面不应大于 50mm,箍筋间距不宜大于 75mm。 2 抗震等级为一、二级时,箍筋直径不应小于 10mm,抗震等级为三、四级时,箍筋直径不应小于 8mm。 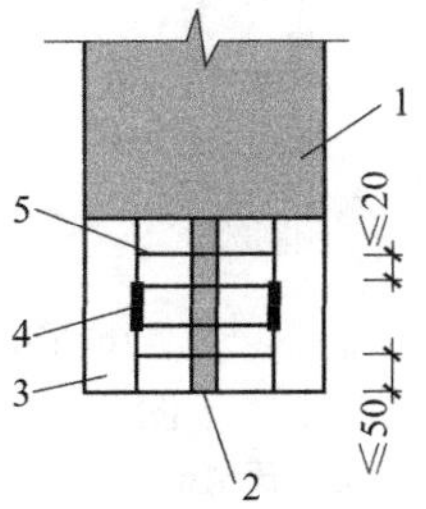 图 5.6.4 柱底后浇段箍筋配置示意 1—预制柱;2—支腿;3—柱底后浇段;4—挤压套筒;5—箍筋	审查预制柱构件详图

类别	规范	相关要求	审查内容
叠合梁	《装配式混凝土结构技术规程》JGJ 1—2014	第7.3.1条 　装配整体式框架结构中,当采用叠合梁时,框架梁的后浇混凝土叠合厚度不宜小于150mm(图7.3.1),次梁的后浇混凝土叠合层厚度不宜小于120mm;当采用凹口截面预制梁时,凹口深度不宜小于50mm,凹口边厚度不宜小于60mm。 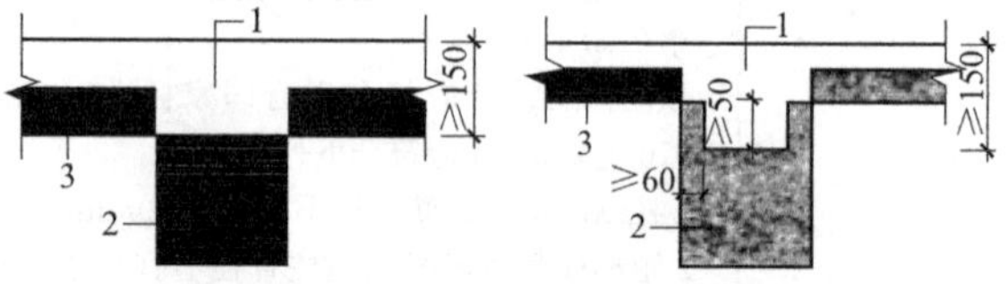 (a) 矩形截面预制梁　　(b) 凹口截面预制梁 图7.3.1　叠合框架梁截面示意 1—后浇混凝土叠合层;2—预制梁;3—预制板	审查叠合梁构件详图
		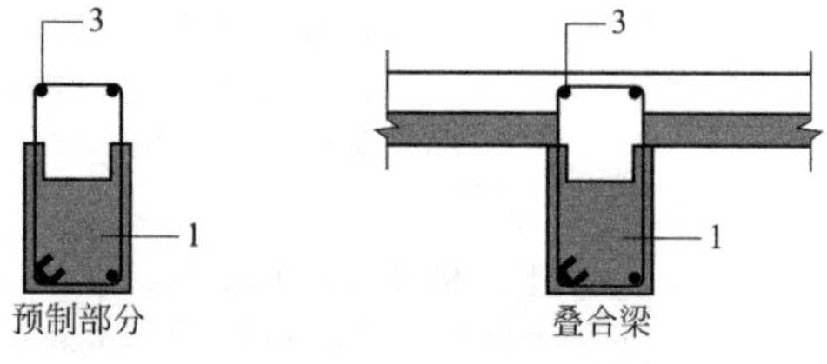 第7.3.2条 　叠合梁的箍筋配置应符合下列规定: 　1 抗震等级为一、二级的叠合框架梁的梁端箍筋加密区宜采用整体封闭箍筋(图7.3.2a); 　2 采用组合封闭箍筋的形式(图7.3.2b)时,开口箍筋上方应做成135°弯钩;非抗震设计时,弯钩端头平直段长度不应小于5d(d为箍筋直径);抗震设计时,平直段长度不应小于10d。现场应采用箍筋帽封闭开口箍,箍筋帽末端应做成135°弯钩;非抗震设计时,弯钩端头平直段长度不应小于5d;抗震设计时,平直段长度不应小于10d。 预制部分　　　　叠合梁 (a) 采用整体封闭箍筋的叠合梁 预制部分　　　　叠合梁 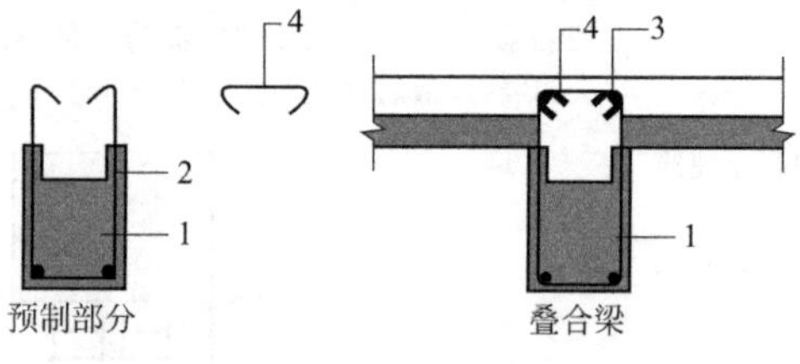 (b) 采用组合封闭箍筋的叠合梁 图7.3.2　叠合梁箍筋构造示意 1—预制梁;2—开口箍筋;3—上部纵向钢筋;4—箍筋帽	审查叠合梁构件详图

类别	规范	相关要求	审查内容
叠合梁	《装配式混凝土建筑技术标准》GB/T 51231—2016	第 5.6.2 条 叠合梁的箍筋配置应符合下列规定： 1 抗震等级为一、二级的叠合框架梁的梁端箍筋加密区宜采用整体封闭箍筋；当叠合梁受扭时宜采用整体封闭箍筋，且整体封闭箍筋的搭接部分宜设置在预制部分(图 5.6.2a)。 2 当采用组合封闭箍筋(图 5.6.2b)时，开口箍筋上方两端应做成 135°弯钩，对框架梁弯钩平直段长度不应小于 $10d$(d 为箍筋直径)，次梁弯钩平直段长度不应小于 $5d$。现场应采用箍筋帽封闭开口箍，箍筋帽宜两端做成 135°弯钩，也可做成一端 135°另一端 90°弯钩，但 135°和 90°弯钩应沿纵向受力钢筋方向交错设置，框架梁平直段长度不应小于 $10d$(d 为箍筋直径)，次梁 135°弯钩平直段长度不应小于 $5d$，90°弯钩平直段长度不应小于 $10d$。 3 框架梁箍筋加密区长度内的箍筋肢距：一级抗震等级，不宜大于 200mm 和 20 倍箍筋直径的较大值，且不应大于 300mm；二、三级抗震等级，不宜大于 250mm 和 20 倍箍筋直径的较大值，且不应大于 350mm；四级抗震等级，不宜大于 300mm，且不应大于 400mm。 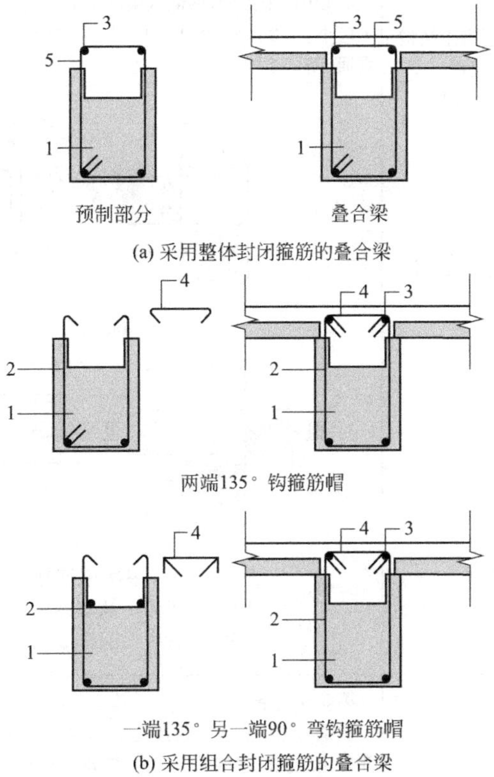 预制部分　　　　叠合梁 (a) 采用整体封闭箍筋的叠合梁 两端135° 钩箍筋帽 一端135° 另一端90° 弯钩箍筋帽 (b) 采用组合封闭箍筋的叠合梁 图 5.6.2 叠合梁箍筋构造示意 1—预制梁；2—开口箍筋；3—上部纵向钢筋；4—箍筋帽；5—封闭箍筋	审查叠合梁构件详图
梁梁节点	《装配式混凝土结构技术规程》JGJ 1—2014	第 7.3.3 条 叠合梁可采用对接连接(图 7.3.3)，并应符合下列规定： 3 后浇段内的箍筋应加密，箍筋间距不应大于 $5d$(d 为纵向钢筋直径)，且不应大于 100mm。	审查节点详图

类别	规范	相关要求	审查内容
梁梁节点	《装配式混凝土结构技术规程》JGJ 1—2014	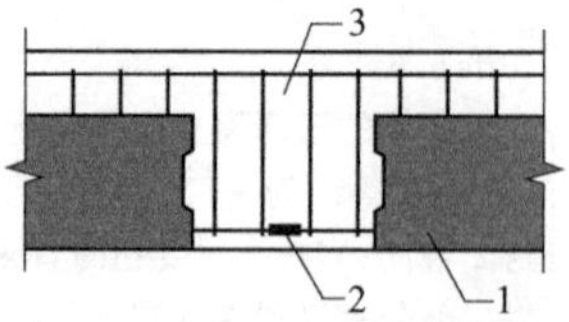 图 7.3.3 叠合梁连接节点示意 1—预制梁;2—钢筋连接接头;3—后浇段	审查节点详图
		第7.3.4条 主梁与次梁采用后浇段连接时,应符合下列规定: 1 在端部节点处,次梁下部纵向钢筋伸入主梁后浇段内的长度不应小于12d。次梁上部纵向钢筋应在主梁后浇段内锚固。当采用弯折锚固(图7.3.4a)或锚固板时,锚固直段长度不应小于$0.6l_{ab}$;当钢筋应力不大于钢筋强度设计值的50%时,锚固直段长度不应小于$0.35l_{ab}$;弯折锚固的弯折后直段长度不应小于12d(d为纵向钢筋直径)。 2 在中间节点处,两侧次梁的下部纵向钢筋伸入主梁后浇段内长度不应小于12d(d为纵向钢筋直径);次梁上部纵向钢筋应在现浇层内贯通(图7.3.4b)。 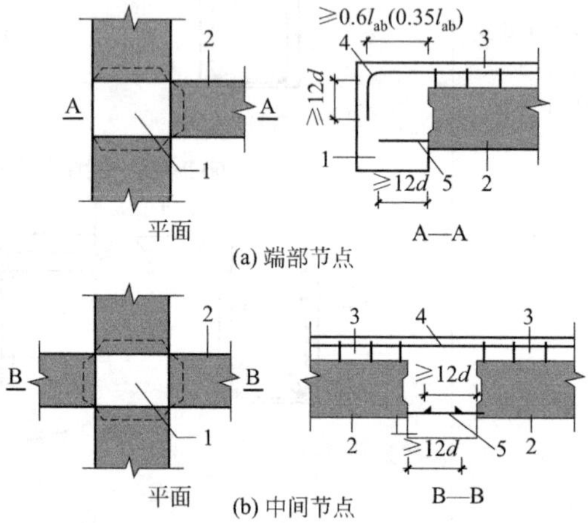 图 7.3.4 主次梁连接节点构造示意 1—主梁后浇段;2—次梁;3—后浇混凝土叠合层; 4—次梁上部纵向钢筋;5—次梁下部纵向钢筋	审查节点详图
	《装配式混凝土建筑技术标准》GB/T 51231—2016	第5.5.5条 次梁与主梁宜采用铰接连接,也可采用刚接连接。当采用刚接连接并采用后浇段连接的形式时,应符合现行行业标准《装配式混凝土结构技术规程》JGJ 1 的有关规定。当采用铰接连接时,可采用企口连接或钢企口连接形式;采用企口连接时,应符合国家现行标准的有关规定;当次梁不直接承受动力荷载且跨度不大于9m时,可采用钢企口连接(图5.5.5-1),并应符合下列规定: 1 钢企口两侧应对称布置抗剪栓钉,钢板厚度不应小于栓钉直径的0.6倍;预制主梁与钢企口连接处应设置预埋件;次梁端部1.5倍梁高范围内,箍筋间距不应大于100mm。	审查节点详图

续表

类别	规范	相关要求	审查内容
梁梁节点	《装配式混凝土建筑技术标准》GB/T 51231—2016	2 钢企口接头的承载力验算(图 5.5.5-2),除应符合现行国家标准《混凝土结构设计规范》GB 50010、《钢结构设计规范》GB 50017 的有关规定外,尚应符合下列规定: 　1)钢企口接头应能够承受施工及使用阶段的荷载; 　2)应验算钢企口截面 A 处在施工及使用阶段的抗弯、抗剪强度; 　3)应验算钢企口截面 B 处在施工及使用阶段的抗弯强度; 　4)凹槽内灌浆料未达到设计强度前,应验算钢企口外挑部分的稳定性; 　5)应验算栓钉的抗剪强度; 　6)应验算钢企口搁置处的局部受压承载力。 3 抗剪栓钉的布置,应符合下列规定: 　1)栓钉杆直径不宜大于 19mm,单侧抗剪栓钉排数及列数均不应小于 2; 　2)栓钉间距不应小于杆径的 6 倍且不宜大于 300mm; 　3)栓钉至钢板边缘的距离不宜小于 50mm,至混凝土构件边缘的距离不应小于 200mm; 　4)栓钉钉头内表面至连接钢板的净距不宜小于 30mm; 　5)栓钉顶面的保护层厚度不应小于 25mm。 4 主梁与钢企口连接处应设置附加横向钢筋,相关计算及构造要求应符合现行国家标准《混凝土结构设计规范》GB 50010 的有关规定。 图 5.5.5-1　钢企口接头示意 1—预制次梁;2—预制主梁;3—次梁端部加密钢筋; 4—钢板;5—栓钉;6—预埋件;7—灌浆料 图 5.5.5-2　钢企口示意 1—栓钉;2—预埋件;3—截面 A;4—截面 B	审查节点详图

类别	规范	相关要求	审查内容
梁柱节点	《装配式混凝土结构技术规程》 JGJ 1—2014	**第7.3.6条** 采用预制柱及叠合梁的装配整体式框架中,柱底接缝宜设置在楼面标高处(图7.3.6),并应符合下列规定: 1 后浇节点区混凝土上表面应设置粗糙面; 2 柱纵向受力钢筋应贯穿后浇节点区; 3 柱底接缝厚度宜为20mm,并应采用灌浆料填实。 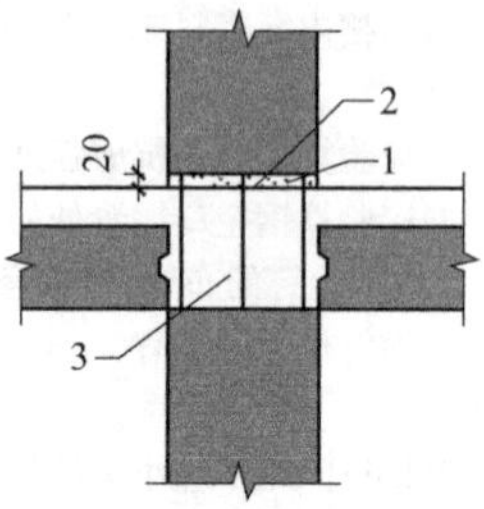 图7.3.6 预制柱底接缝构造示意 1—后浇节点区混凝土上表面粗糙面;2—接缝灌浆层;3—后浇区 **第7.3.8条** 采用预制柱及叠合梁的装配整体式框架节点,梁纵向受力钢筋应伸入后浇节点区内锚固或连接,并应符合下列规定: 1 对框架中间层中节点,节点两侧的梁下部纵向受力钢筋宜锚固在后浇节点区内(图7.3.8-1a),也可采用机械连接或焊接的方式直接连接(图7.3.8-1b);梁的上部纵向受力钢筋应贯穿后浇节点区。 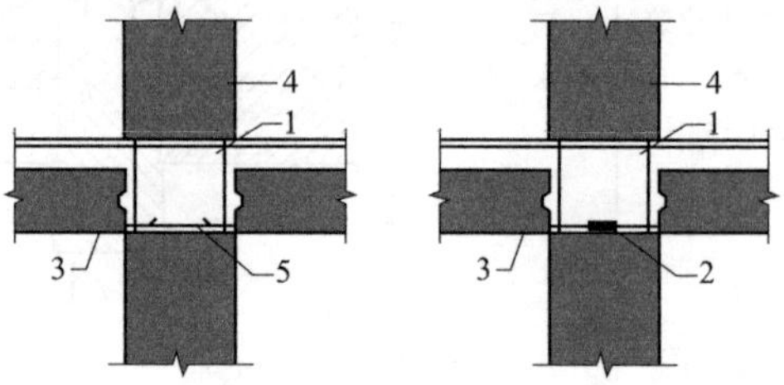 (a)梁下部纵向受力钢筋锚固　(b)梁下部纵向受力钢筋连接 图7.3.8-1 预制柱及叠合梁框架中间层中节点构造示意 1—后浇区;2—梁下部纵向受力钢筋连接;3—预制梁; 4—预制柱;5—梁下部纵向受力钢筋锚固 2 对框架中间层端节点,当柱截面尺寸不满足梁纵向受力钢筋的直线锚固要求时,宜采用锚固板锚固(图7.3.8-2),也可采用90°弯折锚固。 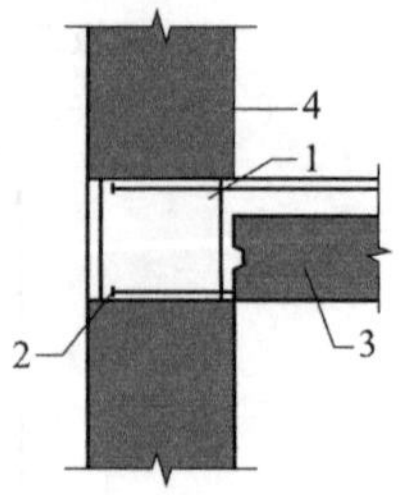 图7.3.8-2 预制柱及叠合梁框架中间层端节点构造示意 1—后浇区;2—梁纵向受力钢筋锚固;3—预制梁;4—预制柱	审查节点详图 审查节点详图

类别	规范	相关要求	审查内容
梁柱节点	《装配式混凝土结构技术规程》JGJ 1—2014	3 对框架顶层中节点,梁纵向受力钢筋的构造应符合本条第1款的规定。柱纵向受力钢筋宜采用直线锚固;当梁截面尺寸不满足直线锚固要求时,宜采用锚固板锚固(图7.3.8-3)。 　4 对框架顶层端节点,梁下部纵向受力钢筋应锚固在后浇节点区内,且宜采用锚固板的锚固方式;梁、柱其他纵向受力钢筋的锚固应符合下列规定: 　1)柱宜伸出屋面并将柱纵向受力钢筋锚固在伸出段内(图7.3.8-4a),伸出段长度不宜小于500mm,伸出段内箍筋间距不应大于$5d$(d为柱纵向受力钢筋直径),且不应大于100mm;柱纵向钢筋宜采用锚固板锚固,锚固长度不应小于$40d$;梁上部纵向受力钢筋宜采用锚固板锚固; 　2)柱外侧纵向受力钢筋也可与梁上部纵向受力钢筋在后浇节点区搭接(图7.3.8-4b),其构造要求应符合现行国家标准《混凝土结构设计规范》GB 50010 中的规定;柱内侧纵向受力钢筋宜采用锚固板锚固。 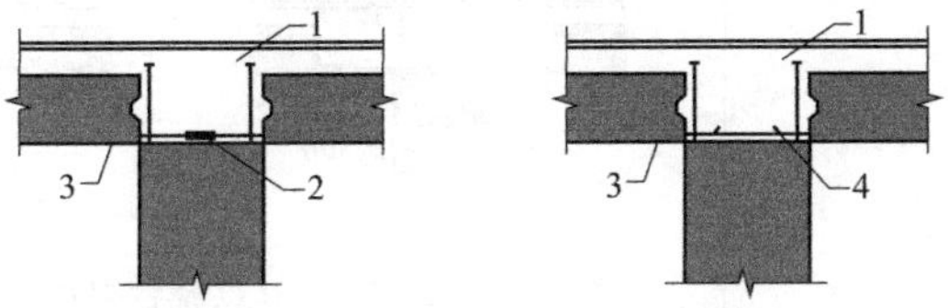 (a) 梁下部纵向受力钢筋连接　(b) 梁下部纵向受力钢筋锚固 图7.3.8-3　预制柱及叠合梁框架顶层中节点构造示意 1—后浇区;2—梁下部纵向受力钢筋连接; 3—预制梁;4—梁下部纵向受力钢筋锚固 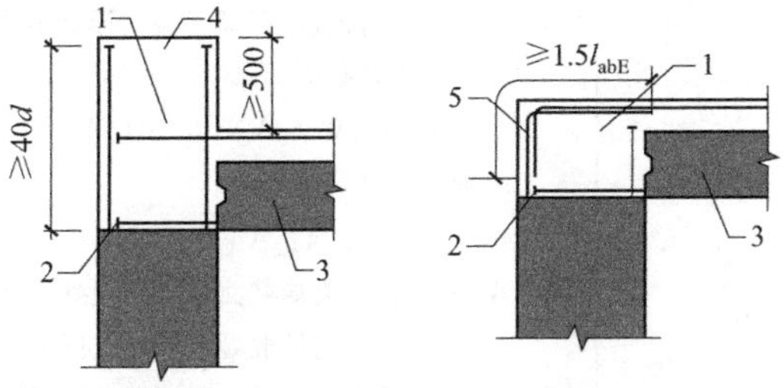 (a) 柱向上伸长　(b) 梁柱外侧钢筋搭接 图7.3.8-4　预制柱及叠合梁框架顶层端节点构造示意 1—后浇区;2—梁下部纵向受力钢筋锚固; 3—预制梁;4—柱延伸段;5—梁柱外侧钢筋搭接	审查节点详图
	《装配式混凝土建筑技术标准》GB/T 51231—2016	第5.6.6条 　采用预制柱及叠合梁的装配整体式框架结构节点,两侧叠合梁底部水平钢筋挤压套筒连接时,可在核心区外一侧梁端后浇段内连接(图5.6.6-1),也可在核心区外两侧梁端后浇带内连接(图5.6.6-2),连接接头距柱边不小于$0.5h_b$(h_b为叠合梁截面高度)且不小于300mm,叠合梁后浇叠合层顶部的水平钢筋应贯穿后浇核心区梁端后浇段的箍筋尚应满足下列要求: 　1 箍筋间距不宜大于75mm; 　2 抗震等级为一、二级时,箍筋直径不应小于10mm,抗震等级为三、四级时,箍筋直径不应小于8mm。	审查节点详图

续表

类别	规范	相关要求	审查内容
梁柱节点	《装配式混凝土建筑技术标准》GB/T 51231—2016	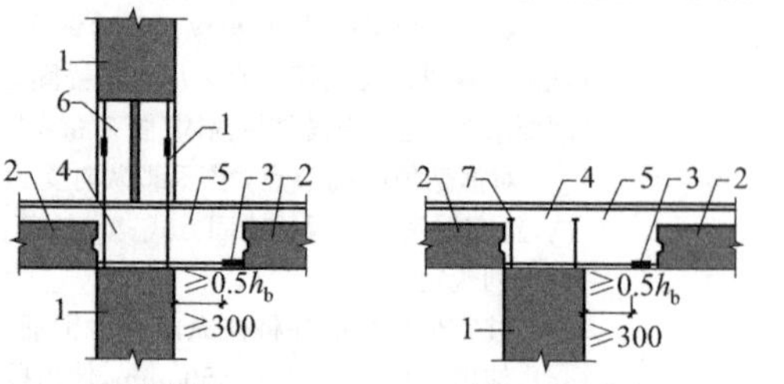 (a) 中间层　　(b) 顶层 图 5.6.6-1　框架节点叠合梁底部水平钢筋在一侧梁端后浇段内采用挤压套筒连接示意 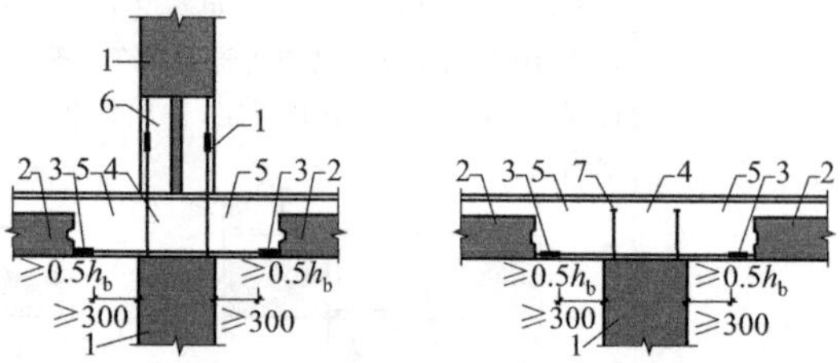 (a) 中间层　　(b) 顶层 图 5.6.6-2　框架节点叠合梁底部水平钢筋在两侧梁端后浇段内采用挤压套筒连接示意 1—预制柱；2—叠合梁预制部分；3—挤压套筒；4—后浇区；5—梁端后浇段；6—柱底后浇段；7—锚固板	审查节点详图
接缝计算	《装配式混凝土结构技术规程》JGJ 1—2014	第 7.2.2 条 叠合梁端竖向接缝的受剪承载力设计值应按下列公式计算： 1　持久设计状况 $$V_u=0.07f_cA_{cl}+0.10f_cA_k+1.65A_{sd}\sqrt{f_cf_y}\quad(7.2.2\text{-}1)$$ 2　地震设计状况 $$V_{uE}=0.04f_cA_{cl}+0.06f_cA_k+1.65A_{sd}\sqrt{f_cf_y}\quad(7.2.2\text{-}2)$$ 式中：A_{cl}——叠合梁端截面后浇混凝土叠合层截面面积； f_c——预制构件混凝土轴心抗压强度设计值； f_y——垂直穿过结合面钢筋抗拉强度设计值； A_k——各键槽的根部截面面积（图 7.2.2）之和，按后浇键槽根部截面和预制键槽根部截面分别计算，并取二者的较小值； A_{sd}——垂直穿过结合面所有钢筋的面积，包括叠合层内的纵向钢筋。 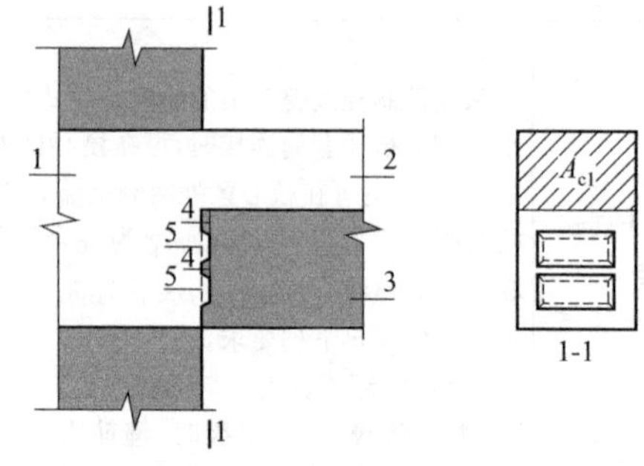 图 7.2.2　叠合梁端受剪承载力计算参数示意	审查预制构件承载力计算书

类别	规范	相关要求	审查内容
接缝计算	《装配式混凝土结构技术规程》JGJ 1—2014	第7.2.3条 在地震设计状况下，预制柱底水平接缝的受剪承载力设计值应按下列公式计算： 当预制柱受压时： $$V_{uE}=0.8N+1.65A_{sd}\sqrt{f_cf_y} \qquad (7.2.3-1)$$ 当预制柱受拉时： $$V_{uE}=1.65A_{sd}\sqrt{f_cf_y\left[t-\left(\frac{N}{A_{sd}f_y}\right)\right]} \qquad (7.2.3-2)$$ 式中：f_c——预制构件混凝土轴心抗压强度设计值； 　　　f_y——垂直穿过结合面钢筋抗拉强度设计值； 　　　N——与剪力设计值 V 相应的垂直于结合面的轴向力设计值，取绝对值进行计算； 　　　A_{sd}——垂直穿过结合面所有钢筋的面积； 　　　V_{uE}——地震设计状况下接缝受剪承载力设计值	审查预制构件承载力计算书

3. 装配整体式剪力墙结构审查条文

类别	规范	相关要求	审查内容
计算要求	《装配式混凝土结构技术规程》JGJ 1—2014	第8.1.1条 抗震设计时，对同一层内既有现浇墙肢也有预制墙肢的装配整体式剪力墙结构，现浇墙肢水平地震作用弯矩、剪力宜乘以不小于1.1的增大系数	审查结构计算书
		第8.1.3条 抗震设计时，高层装配整体式剪力墙结构不应全部采用短肢剪力墙；抗震设防烈度为 8 度时，不宜采用具有较多短肢剪力墙的剪力墙结构。当采用具有较多短肢剪力墙的剪力墙结构时，应符合下列规定： 1 在规定的水平地震作用下，短肢剪力墙承担的底部倾覆力矩不宜大于结构底部总地震倾覆力矩的50%； 2 房屋适用高度应比本规程表 6.1.1 规定的装配整体式剪力墙结构的最大适用高度适当降低，抗震设防烈度为 7 度和 8 度时宜分别降低 20m。 注： 1 短肢剪力墙是指截面厚度不大于 300mm、各肢截面高度与厚度之比的最大值大于 4 但不大于 8 的剪力墙； 2 具有较多短肢剪力墙的剪力墙结构是指，在规定的水平地震作用下，短肢剪力墙承担的底部倾覆力矩不小于结构底部总地震倾覆力矩的 30% 的剪力墙结构	审查结构计算书以及结构布置平面图
结构布置	《装配式混凝土建筑技术标准》GB/T 51231—2016	第5.7.3条 装配整体式剪力墙结构的布置应满足下列要求： 1 应沿两个方向布置剪力墙。 2 剪力墙平面布置宜简单、规则，自下而上宜连续布置，避免层间侧向刚度突变。 3 剪力墙门窗洞口宜上下对齐、成列布置，形成明确的墙肢和连梁；抗震等级为一、二、三级的剪力墙底部加强部位不应采用错洞墙，结构全高均不应采用叠合错洞墙	审查结构平面布置图

类别	规范	相关要求	审查内容
预制墙体构造	《装配式混凝土结构技术规程》JGJ-1—2014	第8.2.3条 预制剪力墙开有边长小于800mm的洞口且在结构整体计算中不考虑其影响时,应沿洞口周边配置补强钢筋,补强钢筋的直径不应小于12mm;截面面积不应小于同方向被洞口截断的钢筋面积;该钢筋自孔洞边角算起深入墙内的长度,非抗震设计时,不应小于l_a,抗震设计时不应小于l_{aE}(图8.2.3)。 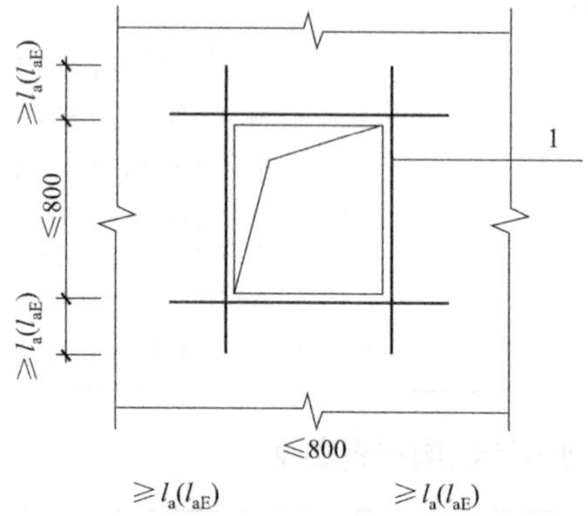 图8.2.3 预制剪力墙洞口补强钢筋配置示意 1—洞口补强钢筋 第8.2.4条 当采用套筒灌浆连接时,自套筒底部至套筒顶部并向上延伸300mm范围内,预制剪力墙的水平分布筋应加密(图8.2.4),加密区水平分布筋的最大间距及最小直径应符合表8.2.4的规定,套筒上端第一道水平分布钢筋距离套筒顶部不应大于50mm。 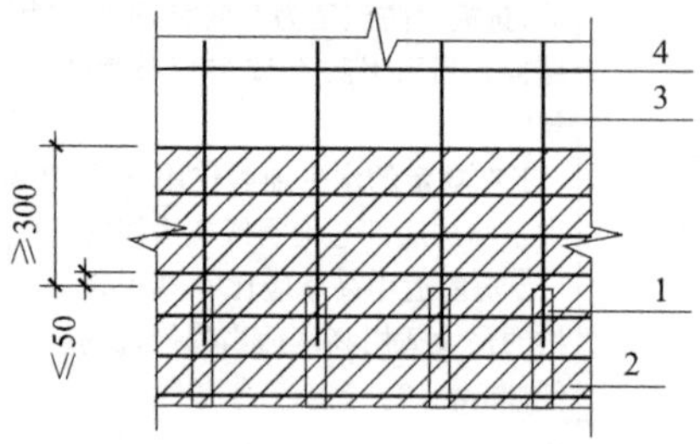 图8.2.4 钢筋套筒灌浆连接部位水平分布钢筋的加密构造示意 1—灌浆套筒;2—水平分布钢筋加密区域(阴影区域); 3—竖向钢筋;4—水平分布钢筋 表8.2.4 加密区水平分布钢筋的要求	审查预制剪力墙大样图

表8.2.4 加密区水平分布钢筋的要求

抗震等级	最大间距(mm)	最小直径(mm)
一、二级	100	8
三、四级	150	8

类别	规范	相关要求	审查内容
		第8.2.5条 端部无边缘构件的预制剪力墙,宜在端部配置2根直径不小于12mm的竖向构造钢筋;沿该钢筋竖向应配置拉筋,拉筋直径不宜小于6mm、间距不宜大于250mm	审查预制构件详图

类别	规范	相关要求	审查内容
墙体连接	《装配式混凝土结构技术规程》JGJ 1—2014	第8.3.1条 楼层内相邻预制剪力墙之间应采用整体式接缝连接,且应符合下列规定: 1 当接缝位于纵横墙交接处的约束边缘构件区域时,约束边缘构件的阴影区域(图8.3.1-1)宜全部采用后浇混凝土,并应在后浇段内设置封闭箍筋。 2 当接缝位于纵横墙交接处的构造边缘构件区域时,构造边缘构件宜全部采用后浇混凝土(图8.3.1-2);当仅在一面墙上设置后浇段时,后浇段的长度不宜小于300mm(图8.3.1-3)。 3 边缘构件内的配筋及构造要求应符合现行国家标准《建筑抗震设计规范》GB 50011 的有关规定;预制剪力墙的水平分布钢筋在后浇段内的锚固、连接应符合现行国家标准《混凝土结构设计规范》GB 50010 的有关规定。 4 非边缘构件位置,相邻预制剪力墙之间应设置后浇段,后浇段的宽度不应小于墙厚且不宜小于200mm;后浇段内应设置不少于4根竖向钢筋,钢筋直径不应小于墙体竖向分布钢筋直径且不应小于8mm;两侧墙体的水平分布筋在后浇段内的锚固、连接应符合现行国家标准《混凝土结构设计规范》GB 50010 的有关规定。 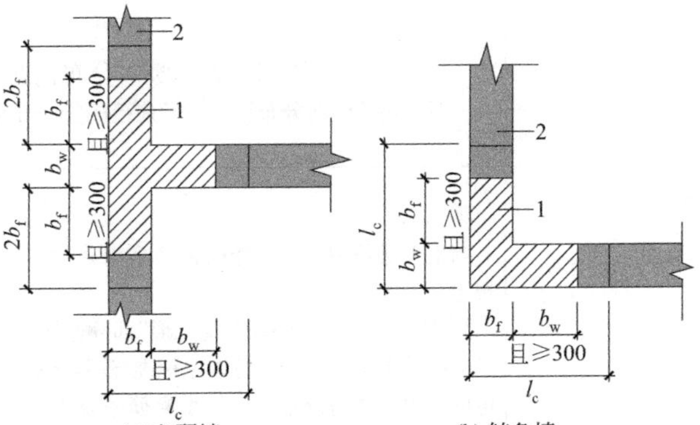 (a) 有翼墙　　(b) 转角墙 图 8.3.1-1　约束边缘构件阴影区域全部后浇构造示意 l_c—约束边缘构件沿墙肢的长度 1—后浇段;2—预制剪力墙 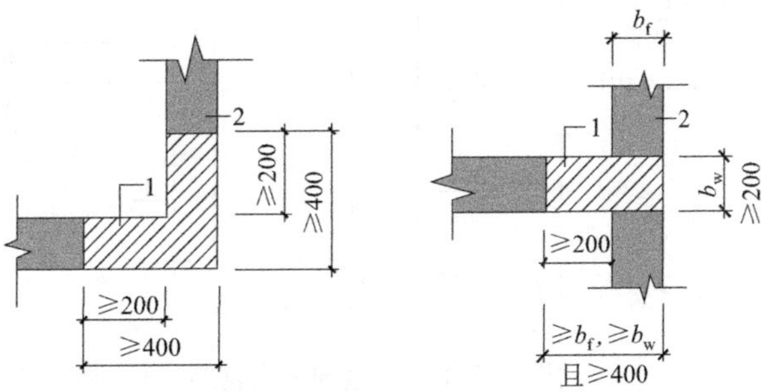 (a) 转角墙　　(b) 有翼墙 图 8.3.1-2　构造边缘构件全部后浇构造示意 (阴影区域为构造边缘构件范围) 1—后浇段;2—预制剪力墙	审查连接节点大样图

类别	规范	相关要求	审查内容
墙体连接	《装配式混凝土结构技术规程》JGJ 1—2014	第8.3.5条 上下层预制剪力墙的竖向钢筋,当采用套筒灌浆连接和浆锚搭接连接时,应符合下列规定: 1 边缘构件竖向钢筋应逐根连接; 2 预制剪力墙的竖向分布钢筋,当仅部分连接时(图8.3.5),被连接的同侧钢筋间距不应大于600mm,且在剪力墙构件承载力设计和分布钢筋配筋率计算中不得计入不连接的分布钢筋;不连接的竖向分布钢筋直径不应小于6mm; 3 一级抗震等级剪力墙以及二、三级抗震等级底部加强部位,剪力墙的边缘构件竖向钢筋宜采用套筒灌浆连接。 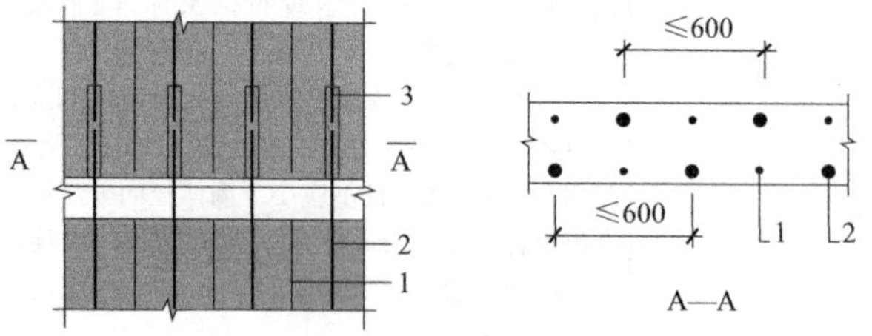 图8.3.5 预制剪力墙竖向分布钢筋连接构造示意 1—不连接的竖向分布钢筋;2—连接的竖向分布钢筋;3—连接接头	审查连接节点大样图
	《装配式混凝土建筑技术标准》GB/T 51231—2016	第5.7.10条 当上下层预制剪力墙竖向钢筋采用套筒灌浆连接时,应符合下列规定: 1 当竖向分布钢筋采用"梅花形"部分连接时(图5.7.10-1),连接钢筋的配筋率不应小于现行国家标准《建筑抗震设计规范》GB 50011规定的剪力墙竖向分布钢筋最小配筋率要求,连接钢筋的直径不应小于12mm,同侧间距不应大于600mm,且在剪力墙构件承载力设计和分布钢筋配筋率计算中不得计入未连接的分布钢筋;未连接的竖向分布钢筋直径不应小于6mm。 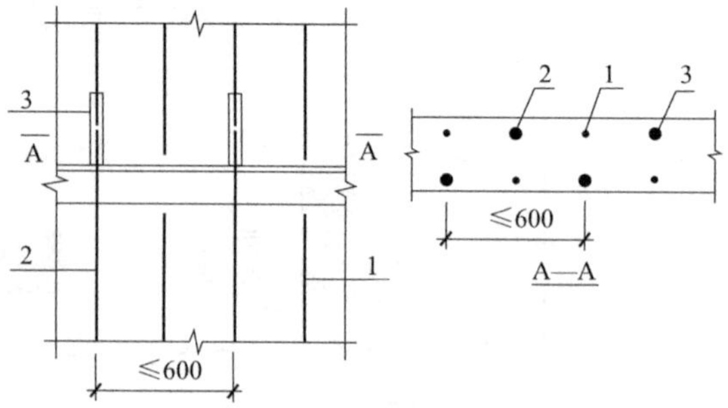 图5.7.10-1 竖向分布钢筋"梅花形"套筒灌浆连接构造示意 1—未连接的竖向分布钢筋;2—连接的竖向分布钢筋;3—灌浆套筒 2 当竖向分布钢筋采用单排连接时(图5.7.10-2),应符合本标准第5.4.2条的规定;剪力墙两侧竖向分布钢筋与配置于墙体厚度中	审查连接节点大样图

类别	规范	相关要求	审查内容
墙体连接	《装配式混凝土建筑技术标准》GB/T 51231—2016	部的连接钢筋搭接连接,连接钢筋位于内、外侧被连接钢筋的中间;连接钢筋受拉承载力不应小于上下层被连接钢筋受拉承载力较大值的1.1倍,间距不宜大于 300mm。下层剪力墙连接钢筋自下层预制墙顶算起的埋置长度不应小于 $1.2l_{aE}+b_w/2$(b_w 为墙体厚度),上层剪力墙连接钢筋自套筒顶面算起的埋置长度不应小于 l_{aE},上层连接钢筋顶部至套筒底部的长度尚不应小于 $1.2l_{aE}+b_w/2$,l_{aE} 按连接钢筋直径计算。钢筋连接长度范围内应配置拉筋,同一连接接头内的拉筋配筋面积不应小于连接钢筋的面积;拉筋沿竖向的间距不应大于水平分布钢筋间距,且不宜大于 150mm;拉筋沿水平方向的间距不应大于竖向分布钢筋间距,直径不应小于 6mm;拉筋应紧靠连接钢筋,并钩住最外层分布钢筋。 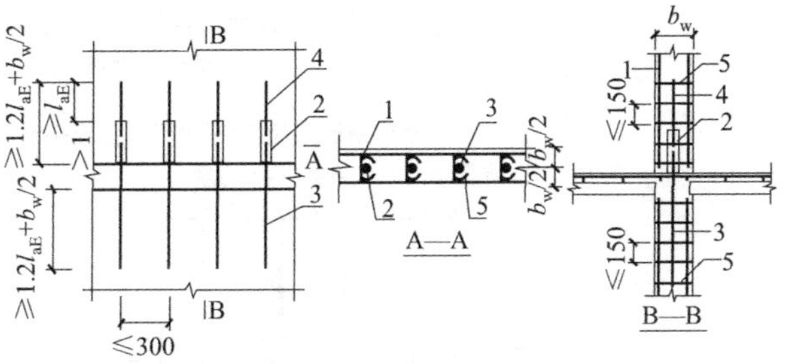 图 5.7.10-2　竖向分布钢筋单排套筒灌浆连接构造示意 1—上层预制剪力墙竖向分布钢筋;2—灌浆套筒; 3—下层剪力墙连接钢筋;4—上层剪力墙连接钢筋;5—拉筋	审查连接节点大样图
		第5.7.11条 当上下层预制剪力墙竖向钢筋采用挤压套筒连接时,应符合下列规定: 1 预制剪力墙底后浇段内的水平钢筋直径不应小于 10mm 和预制剪力墙水平分布钢筋直径的较大值,间距不宜大于 100mm;楼板顶面以上第一道水平钢筋距楼板顶面不宜大于 50mm,套筒上端第一道水平钢筋距套筒顶部不宜大于 20mm(图 5.7.11-1)。 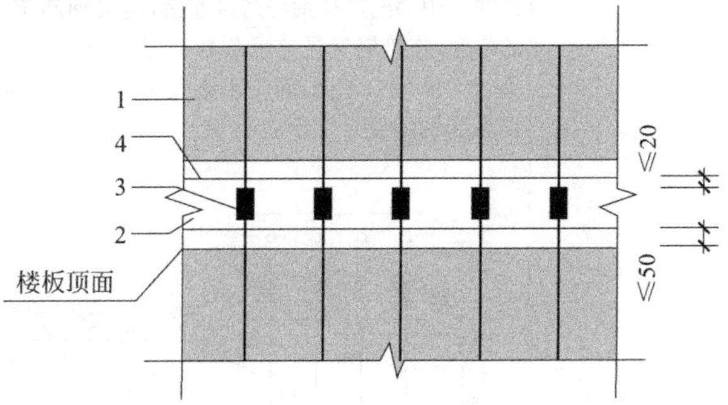 图 5.7.11-1　预制剪力墙底后浇段水平钢筋配置示意 1—预制剪力墙;2—墙底后浇段;3—挤压套筒;4—水平钢筋	审查连接节点大样图
		第5.7.12条 当上下层预制剪力墙竖向钢筋采用浆锚搭接连接时,应符合下列规定:	审查连接节点大样图

类别	规范	相关要求	审查内容
墙体连接	《装配式混凝土建筑技术标准》GB/T 51231—2016	1 当竖向钢筋非单排连接时,下层预制剪力墙连接钢筋伸入预留灌浆孔道内的长度不应小于 $1.2l_{aE}$(图5.7.12-1)。 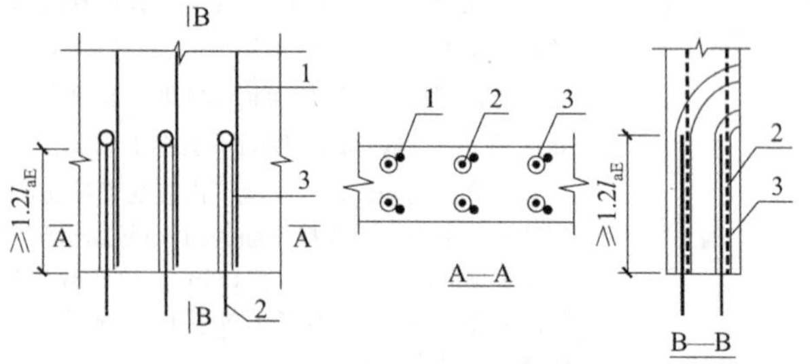 图5.7.12-1 竖向钢筋浆锚搭接连接构造示意 1—上层预制剪力墙竖向钢筋;2—下层剪力墙竖向钢筋; 3—预留灌浆孔道 2 当竖向分布钢筋采用"梅花形"部分连接时(图5.7.12-2),应符合本标准第5.7.10条第1款的规定 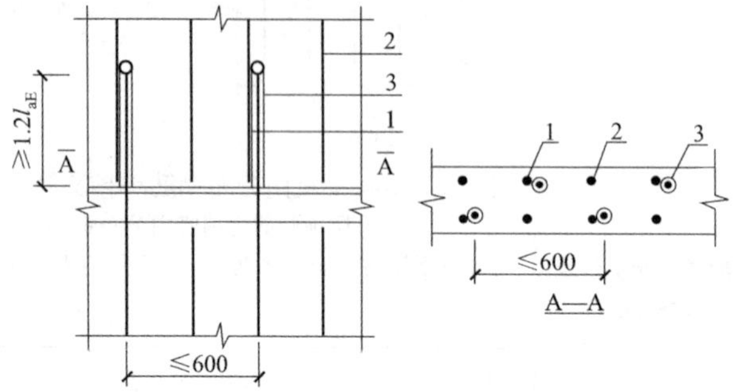 图5.7.12-2 竖向分布钢筋"梅花形"浆锚搭接连接构造示意 1—连接的竖向分布钢筋;2—未连接的竖向分布钢筋; 3—预留灌浆孔道 3 当竖向分布钢筋采用单排连接时(图5.7.12-3),竖向分布钢筋应符合本标准第5.4.2条的规定;剪力墙两侧竖向分布钢筋与配置于墙体厚度中部的连接钢筋搭接连接,连接钢筋位于内、外侧被连接钢筋的中间;连接钢筋受拉承载力不应小于上下层被连接钢筋受拉承载力较大值的1.1倍,间距不宜大于300mm。连接钢筋自下层剪力墙顶算起的埋置长度不应小于 $1.2l_{aE}+b_w/2$(b_w为墙体厚度),自上 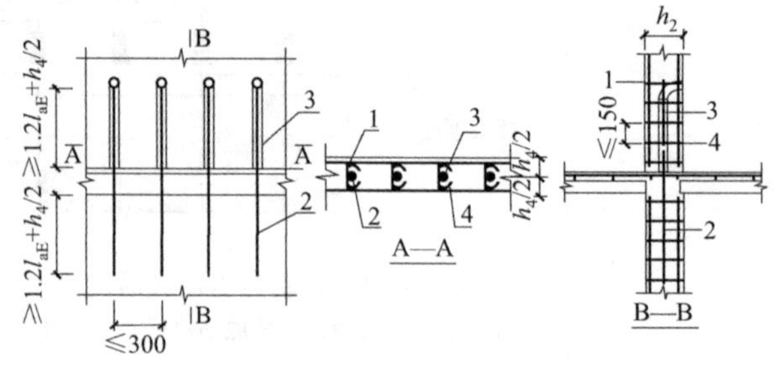 图5.7.12-3 竖向分布钢筋单排浆锚搭接连接构造示意 1—上层预制剪力墙竖向钢筋;2—下层剪力墙连接钢筋; 3—预留灌浆孔道;4—拉筋	审查连接节点大样图

类别	规范	相关要求	审查内容
墙体连接	《装配式混凝土建筑技术标准》GB/T 51231—2016	层预制墙体底部伸入预留灌浆孔道内的长度不应小于 $1.2l_{aE}+b_w/2$，l_{aE} 按连接钢筋直径计算。钢筋连接长度范围内应配置拉筋，同一连接接头内的拉筋配筋面积不应小于连接钢筋的面积；拉筋沿竖向的间距不应大于水平分布钢筋间距，且不宜大于 150mm；拉筋沿水平方向的肢距不应大于竖向分布钢筋间距，直径不应小于 6mm；拉筋应紧靠连接钢筋，并钩住最外层分布钢筋	审查连接节点大样图
墙梁连接	《装配式混凝土结构技术规程》JGJ 1—2014	第 8.3.12 条 当预制叠合连梁端部与预制剪力墙在平面内拼接时，接缝构造应符合下列规定： 1 当墙端边缘构件采用后浇混凝土时，连梁纵向钢筋应在后浇段中可靠锚固(图 8.3.12a)或连接(图 8.3.12b)； 2 当预制剪力墙端部上角预留局部后浇节点区时，连梁的纵向钢筋应在局部后浇节点区内可靠锚固(图 8.3.12c)或连接(图 8.3.12d)。 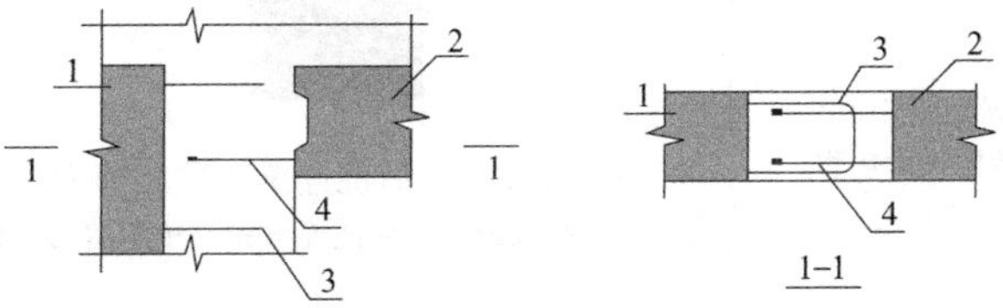 (a) 预制连梁钢筋在后浇端内锚固构造示意 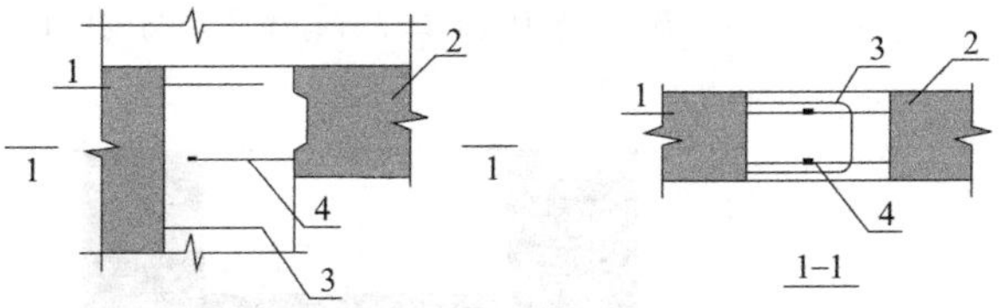 (b) 预制连梁钢筋在后浇段内与预制剪力墙预留钢筋连接构造示意 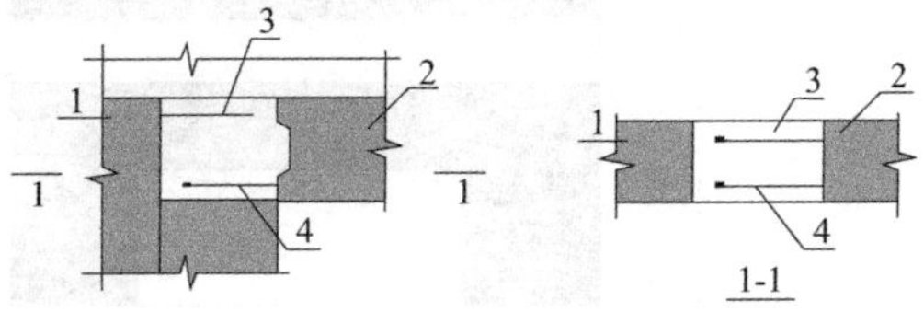 (c) 预制连梁钢筋在预制剪力墙局部后浇节点区内锚固构造示意 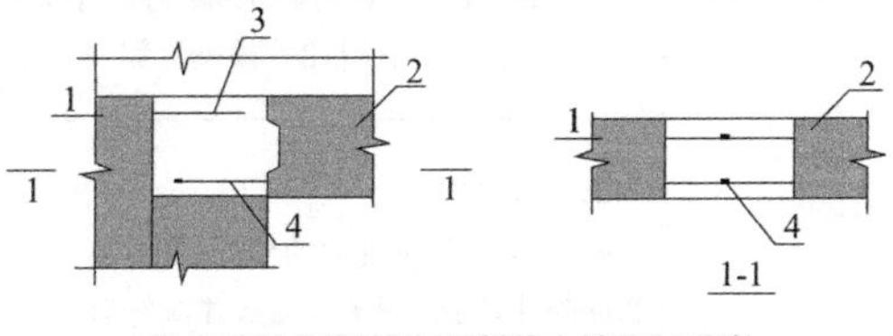 (d) 预制连梁钢筋在预制剪力墙局部后浇节点区内墙板预留钢筋连接构造示意 图 8.3.12　同一平面内预制连梁与预制剪力墙连接构造示意 1—预制剪力墙；2—预制连梁；3—边缘构件箍筋； 4—连梁下部纵向受力钢筋锚固或连接	审查连接节点大样图

类别	规范	相关要求	审查内容
连梁	《装配式混凝土结构技术规程》JGJ 1—2014	第8.3.14条 应按本规程第7.2.2条的规定进行叠合连梁端部接缝的受剪承载力计算	审查计算书
		第8.3.13条 当采用后浇连梁时,宜在预制剪力墙端伸出预留纵向钢筋,并与后浇连梁的纵向钢筋可靠连接(图8.3.13)。 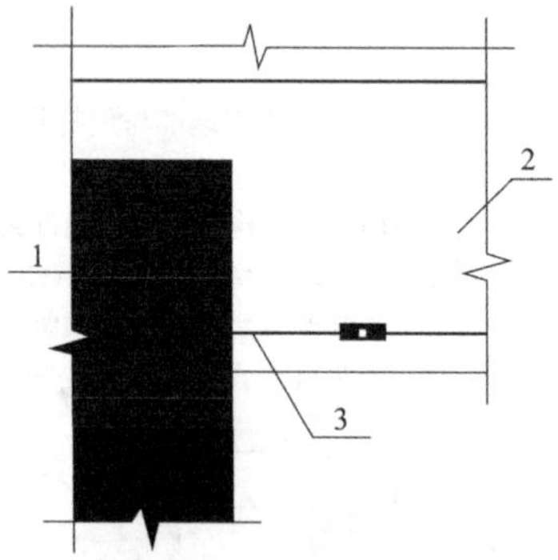 图8.3.13 后浇连梁与预制剪力墙连接构造示意 1—预制墙板;2—后浇连梁;3—预制剪力墙伸出纵向受力钢筋	审查连接节点大样
		第8.3.15条 当预制剪力墙洞口下方有墙时,宜将洞口下墙作为单独的连梁进行设计(图8.3.15) 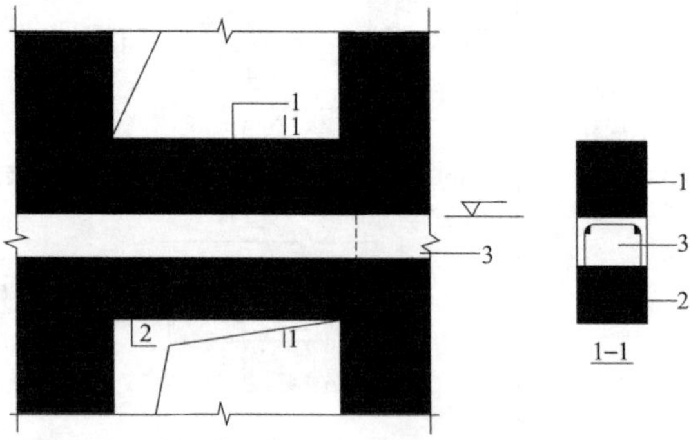 图8.3.15 预制剪力墙洞口下墙与叠合连梁的关系示意 1—洞口下墙;2—预制连梁;3—后浇圈梁或水平后浇带	审查计算书
圈梁	《装配式混凝土结构技术规程》JGJ 1—2014	第8.3.2条 屋面以及立面收进的楼层,应在预制剪力墙顶部设置封闭的后浇钢筋混凝土圈梁(图8.3.2),并应符合下列规定: 1 圈梁截面宽度不应小于剪力墙的厚度,截面高度不宜小于楼板厚度及250mm的较大值;圈梁应与现浇或者叠合楼、屋盖浇筑成整体。 2 圈梁内配置的纵向钢筋不应少于4ϕ12,且按全截面计算的配筋率不应小于0.5%和水平分布筋配筋率的较大值,纵向钢筋竖向间距不应大于200mm;箍筋间距不应大于200mm,且直径不应小于8mm	审查连接节点大样图

类别	规范	相关要求	审查内容
圈梁	《装配式混凝土结构技术规程》 JGJ 1—2014	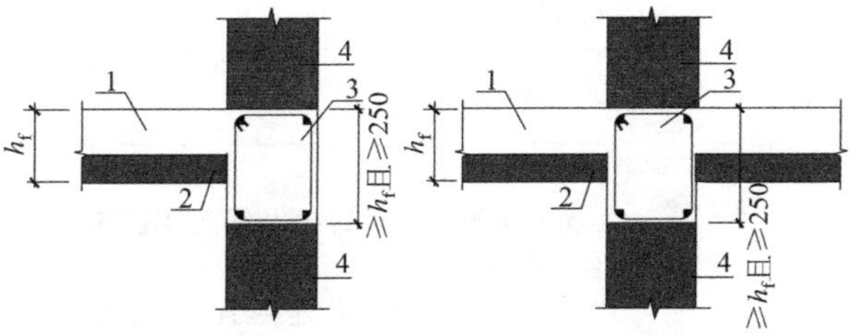 (a) 端部节点　　　(b) 中间节点 图 8.3.2　后浇钢筋混凝土圈梁构造示意 1—后浇混凝土叠合层；2—预制板；3—后浇圈梁；4—预制剪力墙	审查连接节点大样图
墙体接缝	《装配式混凝土结构技术规程》 JGJ 1—2014	第8.3.7条 在地震设计状况下,剪力墙水平接缝的受剪承载力设计值应按下式计算: $$V_{aK}=0.6f_yA_{ml}+0.8N \qquad (8.3.7)$$ 式中　f_y——垂直穿过结合面的钢筋抗拉强度设计值; 　　　N——与剪力设计值 V 相应的垂直于结合面的轴向力设计值, 压力时取正, 拉力时取负; 　　　A_{ml}——垂直穿过结合面的抗剪钢筋面积	审查墙体连接接缝计算书

B.2.3　围护结构审查条文

类别	规范	相关要求	审查内容
外挂墙板	《装配式混凝土结构技术规程》 JGJ 1—2014	第10.3.2条 外挂墙板宜采用双层、双向配筋,竖向和水平钢筋的配筋率均不应小于0.15%,且钢筋直径不宜小于5mm,间距不宜大于200mm	审查外挂墙板详图
		第10.3.4条 外挂墙板最外层钢筋的混凝土保护层厚度除有专门要求外,应符合下列规定: 1 对石材或面砖饰面,不应小于15mm; 2 对清水混凝土,不应小于20mm; 3 对露骨料装饰面,应从最凹处混凝土表面计起,且不应小于20mm	审查外挂墙板详图
	《装配式混凝土建筑技术标准》 GB/T 51231—2016	第5.9.3条 抗震设计时,外挂墙板与主体结构的连接节点在墙板平面内应具有不小于主体结构在设防烈度地震作用下弹性层间位移角3倍的变形能力	审查外挂墙板专项计算书
		第5.9.7条 外挂墙板与主体结构采用点支承连接时,节点构造应符合下列规定: 1 连接点数量和位置应根据外挂墙板形状、尺寸确定,连接点不应少于4个,承重连接点不应多于2个;	审查外挂墙板详图

类别	规范	相关要求	审查内容
外挂墙板	《装配式混凝土建筑技术标准》GB/T 51231—2016	2 在外力作用下,外挂墙板相对主体结构在墙板平面内应能水平滑动或转动; 3 连接件的滑动孔尺寸应根据穿孔螺栓直径、变形能力需求和施工允许偏差等因素确定	审查外挂墙板详图
		第5.9.8条 外挂墙板与主体结构采用线支承连接时(图5.9.8),节点构造应符合下列规定: 1 外挂墙板顶部与梁连接,且固定连接区段应避开梁端1.5倍梁高长度范围; 2 外挂墙板与梁的结合面应采用粗糙面并设置键槽;接缝处应设置连接钢筋,连接钢筋数量应经过计算确定且钢筋直径不宜小于10mm,间距不宜大于200mm;连接钢筋在外挂墙板和楼面梁后浇混凝土中的锚固应符合现行国家标准《混凝土结构设计规范》GB 50010的有关规定; 3 外挂墙板的底端应设置不少于2个仅对墙板有平面外约束的连接节点; 4 外挂墙板的侧边不应与主体结构连接	审查外挂墙板详图
		第5.9.9条 外挂墙板不应跨越主体结构的变形缝。主体结构变形缝两侧的外挂墙板的构造缝应能适应主体结构的变形要求,宜采用柔性连接设计或滑动型连接设计,并采取易于修复的构造措施	审查外挂墙板布置图
夹心外墙	《装配式混凝土结构技术规程》JGJ 1—2014	第8.2.6条 当预制外墙采用夹心墙板时,应满足下列要求: 1 外叶墙板厚度不应小于50mm,且外叶墙板应与内叶墙板可靠连接; 2 夹心外墙板的夹层厚度不宜大于120mm; 3 当作为承重墙时,内叶墙板应按剪力墙进行设计	审查外挂墙板详图
		第4.2.7条 夹心外墙板中内外叶墙板的拉结件应符合下列规定: 1 金属及非金属材料拉结件均应具有规定的承载力、变形和耐久性能,并应经过试验验证; 2 拉结件应满足夹心外墙板的节能设计要求	审查外挂墙板详图
现场组装骨架外墙	《装配式混凝土建筑技术标准》GB/T 51231—2016	第6.3.1条 骨架应具有足够的承载能力、刚度和稳定性,并应与主体结构有可靠连接;骨架应进行整体及连接节点验算	审查现场组装骨架外墙专项计算书
		第6.3.4条 金属骨架组合外墙应符合下列规定: 1 金属骨架应设置有效的防腐蚀措施; 2 骨架外部、中部和内部可分别设置防护层、隔离层、保温隔汽层和内饰层,并根据使用条件设置防水透气材料、空气间层、反射材料、结构蒙皮材料和隔汽材料等	审查现在组装外墙设计说明及相关图纸
		第6.3.5条 木骨架组合外墙应符合下列规定:	审查现在组装外墙设计说明及相关图纸

续表

类别	规范	相关要求	审查内容
现场组装骨架外墙	《装配式混凝土建筑技术标准》GB/T 51231—2016	1 材料种类、连接构造、板缝构造、内外面层做法等要求应符合现行国家标准《木骨架组合墙体技术规范》GB/T 50361 的相关规定； 2 木骨架组合外墙与主体结构之间应采用金属连接件进行连接； 3 内侧墙面材料宜采用普通型、耐火型或防潮型纸面石膏板，外侧墙面材料宜采用防潮型纸面石膏板或水泥纤维板材等材料； 4 保温隔热材料宜采用岩棉或玻璃棉等； 5 隔声吸声材料宜采用岩棉、玻璃棉或石膏板材等； 6 填充材料的燃烧性能等级应为 A 级	审查现在组装外墙设计说明及相关图纸
建筑幕墙	《装配式混凝土建筑技术标准》GB/T 51231—2016	第 6.4.1 条 装配式混凝土建筑应根据建筑物的使用要求、建筑造型，合理选择幕墙形式，宜采用单元式幕墙系统	审查建筑幕墙布置图
		第 6.4.3 条 幕墙与主体结构的连接设计应符合下列规定： 1 应具有适应主体结构层间变形的能力； 2 主体结构中连接幕墙的预埋件、锚固件应能承受幕墙传递的荷载和作用，连接件与主体结构的锚固承载力设计值应大于连接件本身的承载力设计值	审查幕墙专项计算书及相关构造图纸
外门窗	《装配式混凝土建筑技术标准》GB/T 51231—2016	第 6.5.2 条 外门窗应可靠连接，门窗洞口与外门窗框接缝处的气密性能、水密性能和保温性能不应低于外门窗的有关性能	审查外门窗与主体结构连接构造及相关文件
		第 6.5.3 条 预制外墙中外门窗宜采用企口或预埋件等方法固定，外门窗可采用预装法或后装法设计，并满足下列要求： 1 采用预装法时，外门窗框应在工厂与预制外墙整体成型； 2 采用后装法时，预制外墙的门窗洞口应设置预埋件	审查外门窗与主体结构连接构造

B.2.4 其他构件审查条文

类别	规范	相关要求	审查内容
叠合板	《装配式混凝土结构技术规程》JGJ 1—2014	第 6.6.2 条 叠合板应按现行国家标准《混凝土结构设计规范》GB 50010 进行设计，并应符合下列规定： 1 叠合板的预制板厚度不宜小于 60mm，后浇混凝土叠合层厚度不应小于 60mm； 2 当叠合板的预制板采用空心板时，板端空腔应封堵； 3 跨度大于 3m 的叠合板，宜采用桁架钢筋混凝土叠合板； 4 跨度大于 6m 的叠合板，宜采用预应力混凝土预制板； 5 板厚大于 180mm 的叠合板，宜采用混凝土空心板	审查叠合板布置图

类别	规范	相关要求	审查内容
叠合板	《装配式混凝土结构技术规程》JGJ 1—2014	第6.6.4条 叠合板支座处的纵向钢筋应符合下列规定： 1 板端支座处，预制板内的纵向受力钢筋宜从板端伸出并锚入支承梁或墙的后浇混凝土中，锚固长度不应小于5d（d为纵向受力钢筋直径），且宜伸过支座中心线（图6.6.4a）； 2 单向叠合板的板侧支座处，当预制板内的板底分布钢筋伸入支承梁或墙的后浇混凝土中时，应符合本条第1款的要求；当板底分布钢筋不伸入支座时，宜在紧邻预制板顶面的后浇混凝土叠合层中设置附加钢筋，附加钢筋截面面积不宜小于预制板内的同向分布钢筋面积，间距不宜大于600mm，在板的后浇混凝土叠合层内锚固长度不应小于15d，在支座内锚固长度不应小于15d（d为附加钢筋直径）且宜伸过支座中心线（图6.6.4b）。 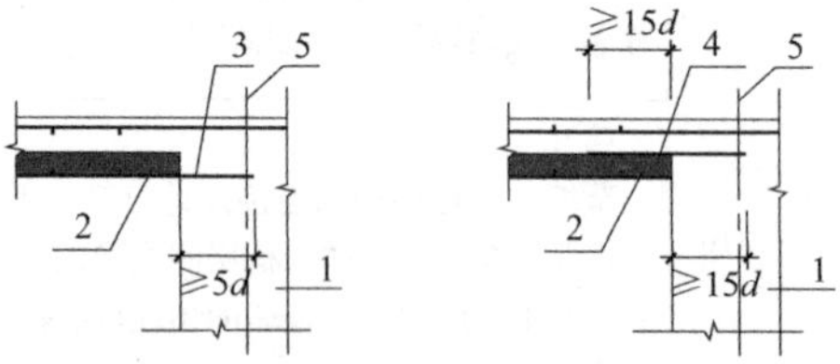 (a) 板端支座　　　(b) 板侧支座 图6.6.4　叠合板端及板侧支座的构造示意 1—支承梁或墙；2—预制板；3—纵向受力钢筋；4—附加钢筋；5—支座中心线	审查叠合板节点详图
		第6.6.5条 单向叠合板板侧的分离式接缝宜配置附加钢筋（图6.6.5），并应符合下列规定： 1 接缝处紧邻预制板顶面宜设置垂直于板缝的附加钢筋，附加钢筋伸入两侧后浇混凝土叠合层的锚固长度不应小于15d（d为附加钢筋直径）； 2 附加钢筋截面面积不宜小于预制板中该方向钢筋面积，钢筋直径不宜小于6mm，间距不宜大于250mm。 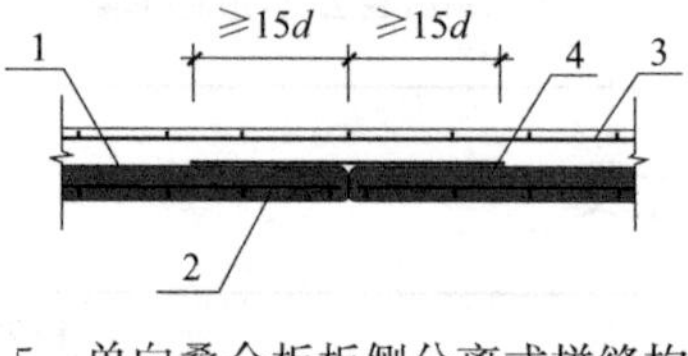 图6.6.5　单向叠合板板侧分离式拼缝构造示意 1—后浇混凝土叠合层；2—预制板；3—后浇层内钢筋；4—附加钢筋	审查叠合板节点详图
		第6.6.6条 双向叠合板板侧的整体式接缝宜设置在叠合板的次要受力方向上且宜避开最大弯矩截面。接缝可采用后浇带形式，并应符合下列规定： 3 当后浇带两侧板底纵向受力钢筋在后浇带中弯折锚固时（图6.6.6），应符合下列规定： 1)叠合板厚度不应小于10d，且不应小于120mm（d为弯折钢筋直径的较大值）；	审查叠合板节点详图

类别	规范	相关要求	审查内容
叠合板	《装配式混凝土结构技术规程》JGJ 1—2014	2）接缝处预制板侧伸出的纵向受力钢筋应在后浇混凝土叠合层内锚固，且锚固长度不应小于 l_a；两侧钢筋在接缝处重叠的长度不应小于 $10d$，钢筋弯折角度不应大于 $30°$，弯折处沿接缝方向应配置不少于 2 根通长构造钢筋，且直径不应小于该方向预制板内钢筋直径。 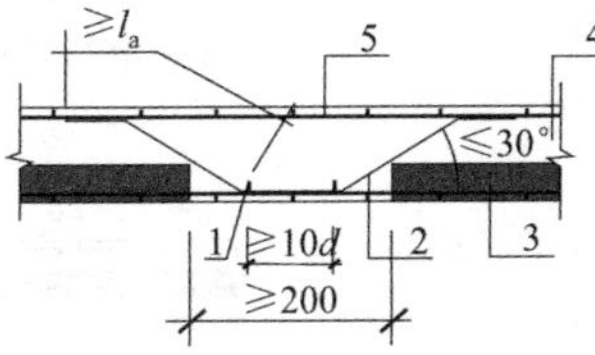 图 6.6.6 双向叠合板整体式拼缝构造示意 1—通长构造钢筋；2—纵向受力钢筋；3—预制板；4—后浇混凝土叠合层；5—后浇层内钢筋	审查叠合板节点详图
		第 6.6.7 条 桁架钢筋混凝土叠合板应满足下列要求： 1 桁架钢筋应沿主要受力方向布置； 2 桁架钢筋距板边不应大于 300mm，间距不宜大于 600mm； 3 桁架钢筋弦杆钢筋直径不宜小于 8mm，腹杆钢筋直径不应小于 4mm； 4 桁架钢筋弦杆混凝土保护层厚度不应小于 15mm	审查叠合板大样图
	《装配式混凝土建筑技术标准》GB/T 51231—2016	第 5.5.2 条 高层装配整体式混凝土结构中，楼盖应符合下列规定： 2 屋面层和平面受力复杂的楼层宜采用现浇楼盖，当采用叠合楼盖时，楼板的后浇混凝土叠合层厚度不应小于 100mm，且后浇层内应采用双向通长钢筋，钢筋直径不宜小于 8mm，间距不宜大于 200mm	审查叠合板大样图
		第 5.5.4 条 双向叠合板板侧的整体式接缝宜设置在叠合板的次要受力方向且宜避开最大弯矩截面。接缝可采用后浇带形式（图 5.5.4），并应符合下列规定： 3 当后浇带两侧板底纵向受力钢筋在后浇带中搭接连接时，应符合下列规定。 1）预制板板底外伸钢筋为直线形（图 5.5.4a）时，钢筋搭接长度应符合现行国家标准《混凝土结构设计规范》GB 50010 的有关规定； 2）预制板板底外伸钢筋端部为 90°或 135°弯钩（图 5.5.4b、c）时，钢筋搭接长度应符合现行国家标准《混凝土结构设计规范》GB 50010 有关钢筋锚固长度的规定，90°和 135°弯钩钢筋弯后直段长度分别为 $12d$ 和 $5d$（d 为钢筋直径）。 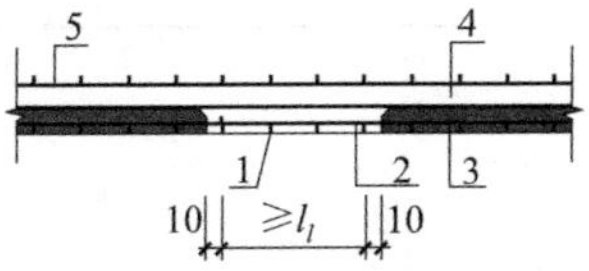 (a) 板底纵筋直线搭接 图 5.5.4 双向叠合板整体式接缝构造示意（一）	审查叠合板大样图

145

类别	规范	相关要求	审查内容
叠合板	《装配式混凝土建筑技术标准》GB/T 51231—2016	 (b) 板底纵筋末端带90°弯钩搭接 (c) 板底纵筋末端带135°弯钩搭接 图 5.5.4 双向叠合板整体式接缝构造示意(二) 1—通长钢筋;2—纵向受力筋;3—预制板;4—后浇混凝土叠合层; 5—后浇层内钢筋	审查叠合板大样图
楼梯	《装配式混凝土结构技术规程》JGJ 1—2014	第6.4.3条 预制板式楼梯的梯段板底应配置通长的纵向钢筋。板面宜配置通长的纵向钢筋;当楼梯两端均不能滑动时,板面应配置通长的纵向钢筋	审查预制楼梯大样图
		第6.5.8条 预制楼梯与支承构件之间宜采用简支连接。采用简支连接时,应符合下列规定: 1 预制楼梯宜一端设置固定铰,另一端设置滑动铰,其转动及滑动变形能力应满足结构层间位移的要求,且预制楼梯端部在支承构件上的最小搁置长度应符合表6.5.8条的规定; 2 预制楼梯设置滑动铰的端部应采取防止滑落的构造措施。 **表6.5.8 预制楼梯在支承构件上的最小搁置长度** | 抗震设防烈度	6度	7度	8度
最小搁置长度(mm)	75	75	100		审查预制楼梯大样图
阳台空调板	《装配式混凝土结构技术规程》JGJ 1—2014	第6.6.10条 阳台板、空调板宜采用叠合构件或预制构件。预制构件应与主体结构可靠连接;叠合构件的负弯矩钢筋应在相邻叠合板的后浇混凝土中可靠锚固,叠合构件中预制板底钢筋的锚固应符合下列规定: 1 当板底为构造配筋时,其钢筋锚固应符合本规程第6.6.4条第1款的规定; 2 当板底为计算要求配筋时,钢筋应满足受拉钢筋的锚固要求	审查阳台空调板大样图

附录 C 项目预制装配率计算书模板

××项目预制装配率计算书
(参考格式)

项目名称：＿＿＿＿＿＿＿＿＿＿＿＿＿＿＿

建设单位：＿＿＿＿＿＿＿＿＿＿＿＿（盖章）

设计单位：＿＿＿＿＿＿＿＿＿＿＿＿（盖章）

日　　期：＿＿＿＿＿＿＿＿＿＿＿＿＿＿＿

一、项目基本情况

本项目位于市____区/县，共__栋单体建筑，总建筑面积____m²；采用装配式建筑技术的单体建筑共__栋，分别为_____，合计建筑面积_____m²。依据《×××文件》，本项目执行_____％预制装配率要求。本项目采用的装配式部品部件有_____
____。

二、技术方案说明

（一）建筑、装修设计

1. 装配式建筑平面、立面设计。

（1）应包括总平面、单体平面和立面、预制构件布置图等。

（2）预制构件在设计图纸或BIM中应使用明显的颜色标示。

2. 装配式建筑装饰装修设计应包括全装修、干式工法楼地面、集成厨房、集成卫生间、管线分离、关键节点等设计说明。

3. 非承重预制外墙板、内隔墙与主体结构连接节点、防开裂接缝处理、外墙保温方案等。

（二）结构、构造节点设计

1. 装配式建筑结构体系特点。

2. 预制构件安装连接关键节点设计。

（三）装配式建筑拟应用新技术情况

1. 工程总承包执行情况。

2. 全过程应用BIM技术情况。

3. 应用新型模板技术情况，拟应用面积比例。

4. 绿色建筑设计标准等级情况。

三、各单体建筑预制装配率计算（每个单体建筑一套表格）

（一）主体结构（表1、表2）

主体结构竖向构件（柱、支撑、承重墙等）预制装配率　　　　表1

×-××层,共×层			
楼层范围	预制柱、支撑、承重墙等体积(m³)	竖向构件总体积(m³)	比例
×			
×-××			
××-××			
合计			

主体结构水平构件（梁、板、楼梯、阳台、空调板、雨篷等构件）预制装配率　　表2

×-××层,共××层			
楼层范围	预制梁、楼板、楼梯、阳台、空调板、雨篷等构件面积(m²)	总面积(m²)	比例
×			
×-××			
××-××			
合计			

（二）围护结构（表3、表4）

围护墙预制装配率　　　　　表3

楼层范围	非承重围护墙非砌筑面积(m²)	非承重围护墙面积(m²)	比例
×			
×-××			
××-××			
合计			

内隔墙预制装配率　　　　　表4

楼层范围	内隔墙非砌筑面积(m²)	内隔墙面积(m²)	比例
×			
×-××			
××-××			
合计			

（三）装配化装修（表5~表8）

干式工法楼地面预制装配率　　　　　表5

×-××层,共××层			
楼层范围	干式工法楼地面面积(m²)	楼地面面积(m²)	比例
×			
×-××			
××-××			
合计			

集成厨房预制装配率　　　　　表6

×-××层,共××层			
楼层范围	厨房内干式工法表面积(m²)	厨房内表面积(m²)	比例
×			
×-××			
××-××			
合计			

集成卫生间预制装配率　　　　　表7

×-××层,共××层			
楼层范围	卫生间内干式工法表面积(m²)	卫生间内表面积(m²)	比例
×			
×-××			
××-××			
合计			

管线分离预制装配率 表 8

楼层范围	管线分离的地面面积(m)	有管线的地面总面积(m)	管线分离的墙面面积(m)	有管线的墙面总面积(m)	管线分离的顶面面积(m)	有管线的地顶面总面积(m)	比例
×-××层,共××层							
×							
×-××							
××-××							
合计							

五、结论

本项目采用装配式建造技术,各建筑单体预制装配率符合××市现行文件要求。